高等学校应用型新工科创新人才培养计划系列教材

高等学校计算机类专业课改系列教材

WinForm 程序设计及实践

济宁学院

青岛英谷教育科技股份有限公司　编著

西安电子科技大学出版社

内 容 简 介

本书分为两大部分：理论篇和实践篇。理论篇从最基本的概念出发，深入地讲解了 C# 的基础知识以及新特性，具体包括 C# 概述、C# 语言基础、窗体和常用控件、界面设计、面向对象程序设计、ADO.NET 数据库访问、数据绑定和操作、文件处理、多线程应用程序以及 .NET4.0 的新特性。实践篇介绍了基于 Visual Studio 2010 环境开发 Windows 窗体应用程序的方法，具体包括窗体常用控件的使用、ADO.NET 数据库的连接及访问、数据绑定控件在界面中的数据绑定及操作等内容。

本书重点突出，偏重应用，结合实例和案例的讲解、剖析及实现，使读者能迅速理解和掌握相关知识，全面提高动手能力。

本书适应面广，可作为本科计算机科学与技术、软件工程、网络工程、计算机软件、计算机信息管理、电子商务和经济管理等专业的程序设计课程的教材。

图书在版编目(CIP)数据

WinForm 程序设计及实践/济宁学院，青岛英谷教育科技股份有限公司编著.
—西安：西安电子科技大学出版社，2015.8(2022.4 重印)
ISBN 978-7-5606-3786-0

Ⅰ.① W… Ⅱ.① 济… ② 青… Ⅲ.① Windows 操作系统—高等学校—教材
Ⅳ.① TP316.7

中国版本图书馆 CIP 数据核字(2015)第 173039 号

策　　划	毛红兵
责任编辑	毛红兵　刘炳桢
出版发行	西安电子科技大学出版社(西安市太白南路 2 号)
电　　话	(029)88202421　88201467　　邮　编　710071
网　　址	www.xduph.com　　　　电子邮箱　xdupfxb001@163.com
经　　销	新华书店
印刷单位	陕西天意印务有限责任公司
版　　次	2015 年 8 月第 1 版　　2022 年 4 月第 5 次印刷
开　　本	787 毫米×1092 毫米　1/16　印　张　21
字　　数	494 千字
印　　数	9301～11 300 册
定　　价	53.00 元

ISBN 978-7-5606-3786-0/TP

XDUP 4078001-5

如有印装问题可调换

高等学校计算机类专业
课改系列教材编委会

主编　吴海峰

编委　王　燕　　王成端　　薛庆文　　孔繁之
　　　李　丽　　张　伟　　李树金　　高仲合
　　　吴自库　　陈龙猛　　张　磊　　郭长友
　　　王海峰　　刘　斌　　禹继国　　王玉锋

◆◆◆ 前　言 ◆◆◆

　　本科教育是我国高等教育的基础，而应用型本科教育是高等教育由精英教育向大众化教育转变的必然产物，是社会经济发展的要求，也是今后我国高等教育规模扩张的重点。应用型创新人才培养的重点在于训练学生将所学理论知识应用于解决实际问题，这主要依靠课程的优化设计以及教学内容和方法的革新。

　　另外，随着我国计算机技术的迅猛发展，社会对具备计算机基本能力的人才需求急剧增加，"全面贴近企业需求，无缝打造专业实用人才"是目前高校计算机专业教育的革新方向。为了适应高等教育体制改革的新形势，积极探索适应 21 世纪人才培养的教学模式，我们组织编写了高等院校软件专业系列课改教材。

　　该系列教材面向高校软件专业应用型本科人才的培养，强调产学研结合，内容经过了充分的调研和论证，并参照了多所高校一线专家的意见，具有系统性、实用性等特点，旨在使读者在系统掌握软件开发知识的同时，提高其综合应用能力和解决问题的能力。

　　该系列教材具有如下几个特色。

1. 以培养应用型人才为目标

　　本系列教材以应用型软件人才为培养目标，在原有体制教育的基础上对课程进行了改革，强化"应用型"技术的学习，使读者在经过系统、完整的学习后能够掌握如下技能：

- ◆ 掌握软件开发所需的理论和技术体系以及软件开发过程规范体系；
- ◆ 能够熟练地进行设计和编码工作，并具备良好的自学能力；
- ◆ 具备一定的项目经验，能够进行代码的调试、文档编写、软件测试等；
- ◆ 达到软件企业的用人标准，做到学校学习与企业需求能力的无缝对接。

2. 以新颖的教材架构来引导学习

　　本系列教材采用的教材架构打破了传统的以知识为标准编写教材的方法，采用理论篇与实践篇相结合的组织模式，引导读者在学习理论知识的同时，加强实践动手能力的训练。

- ◆ 理论篇：学习内容的选取遵循"二八原则"，即重点内容由企业中常用的 20%的技术组成。每章设有本章目标，以明确本章学习重点和难点，章节内容结合示例代码，引导学生循序渐进地理解和掌握这些知识和技能，培养学生的逻辑思维能力，掌握软件开发的必备知识和技巧。
- ◆ 实践篇：多点集于一线，以任务驱动，以完整的具体案例贯穿始终，力求使学生在动手实践的过程中，加深对课程内容的理解，培养学生独立分析和解决问题的能力，并配备相关的知识拓展和拓展练习，拓宽学生的知识面。

　　另外，本系列教材借鉴了软件开发中"低耦合，高内聚"的设计理念，组织结构上遵循软件开发中的 MVC 理念，即在保证最小教学集的前提下可以根据自身的实际情况对整个课程体系进行横向或纵向裁剪。

3. 提供全面的教辅产品来辅助教学实施

为充分体现"实境耦合"的教学模式，方便教学实施，该系列教材配备了可配套使用的项目实训教材和全套教辅产品。

- ❖ 实训教材：集多线于一面，以辅助教材的形式，提供适应当前课程(及先行课程)的综合项目，按照软件开发过程进行讲解、分析、设计、指导，注重工作过程的系统性，培养学生解决实际问题的能力，是实施"实境"教学的关键环节。
- ❖ 立体配套：为适应教学模式和教学方法的改革，本系列教材提供完备的教辅产品，主要包括教学指导、实验指导、电子课件、习题集、实践案例等内容，并配以相应的网络教学资源。教学实施方面，提供全方位的解决方案(课程体系解决方案、实训解决方案、教师培训解决方案和就业指导解决方案等)，以适应软件开发教学过程的特殊性。

本书由济宁学院、青岛英谷教育科技股份有限公司编写，参与本书编写的有吴海峰、王燕、宁维巍、朱仁成、宋国强、何莉娟、杨敬熹、田波、侯方超、刘江林、方惠、莫太民、邵作伟、王千等。本书在编写期间得到了各合作院校专家及一线教师的大力支持与协作，在此衷心感谢每一位老师与同事为本书出版所付出的努力。

由于水平有限，书中难免有不足之处，欢迎大家批评指正！读者在阅读过程中发现问题，可以通过邮箱(yujin@tech-yj.com)发给我们，以帮助我们进一步完善。

本书编委会
2015 年 3 月

目 录

理 论 篇

第 1 章 C# 概述 ... 3
1.1 .NET 框架 ... 4
 1.1.1 .NET 框架结构 ... 4
 1.1.2 .NET 框架的优点 ... 5
 1.1.3 .NET 的术语 ... 6
 1.1.4 C# 与 .NET 框架 ... 6
 1.1.5 .NET 框架应用程序种类 ... 7
1.2 第一个 C# 程序 ... 8
本章小结 ... 9
本章练习 ... 9

第 2 章 C# 语言基础 ... 11
2.1 数据类型 ... 12
2.2 变量和常量 ... 12
 2.2.1 变量 ... 12
 2.2.2 常量 ... 13
2.3 运算符 ... 13
 2.3.1 算术运算符 ... 13
 2.3.2 比较运算符 ... 14
 2.3.3 逻辑运算符 ... 15
2.4 流程控制语句 ... 16
 2.4.1 分支语句 ... 16
 2.4.2 循环语句 ... 20
2.5 数组 ... 22
 2.5.1 声明数组 ... 22
 2.5.2 数组初始化 ... 22
 2.5.3 访问数组元素 ... 22
 2.5.4 二维数组 ... 23
本章小结 ... 24
本章练习 ... 24

第 3 章 窗体和常用控件 ... 25
3.1 控件概述 ... 26
 3.1.1 控件的基本属性 ... 27
 3.1.2 控件的基本事件 ... 29
3.2 窗体 ... 30
3.3 常用控件 ... 35
 3.3.1 按钮(Button)控件 ... 35
 3.3.2 标签(Label)控件 ... 36
 3.3.3 文本控件 ... 36
 3.3.4 选择控件 ... 39
 3.3.5 图片框(PictureBox)控件 ... 48
 3.3.6 容器控件 ... 51
本章小结 ... 53
本章练习 ... 54

第 4 章 界面设计 ... 55
4.1 界面设计概述 ... 56
4.2 菜单 ... 57
 4.2.1 主菜单 ... 57
 4.2.2 上下文菜单 ... 60
4.3 工具栏 ... 62
4.4 状态栏 ... 64
4.5 对话框 ... 65
4.6 MDI 界面设计 ... 68
本章小结 ... 69
本章练习 ... 70

第 5 章 面向对象程序设计 ... 71
5.1 C#中的面向对象 ... 72
5.2 类和对象 ... 73
 5.2.1 类 ... 73
 5.2.2 对象 ... 77
5.3 继承 ... 80
5.4 多态 ... 81
 5.4.1 重载 ... 81

5.4.2 重写 82
5.5 this 和 base 关键字 83
　　5.5.1 this 关键字 83
　　5.5.2 base 关键字 84
本章小结 85
本章练习 85

第 6 章 ADO.NET 数据库访问 87
6.1 ADO.NET 简介 88
6.2 ADO.NET 结构 89
　　6.2.1 ADO.NET 中的命名空间和类 89
　　6.2.2 ADO.NET 结构原理 90
6.3 SQL Server 2008 91
6.4 ADO.NET 的核心对象 94
　　6.4.1 Connection 95
　　6.4.2 Command 97
　　6.4.3 DataReader 98
　　6.4.4 DataAdapter 和 DataSet 101
本章小结 107
本章练习 107

第 7 章 数据绑定和操作 109
7.1 数据控件 110
　　7.1.1 DataGridView 110
　　7.1.2 配置 DataGridView 控件 112
7.2 数据操作 116
　　7.2.1 数据查询过滤 118
　　7.2.2 添加数据 119
　　7.2.3 修改数据 123
　　7.2.4 删除数据 124
本章小结 128
本章练习 128

第 8 章 文件处理 129
8.1 文件概述 130
　　8.1.1 文件类型 130
　　8.1.2 文件访问方式 130
8.2 System.IO 模型 131
　　8.2.1 Directory 131
　　8.2.2 File 136

　　8.2.3 Path 139
8.3 文件流操作 141
　　8.3.1 FileStream 141
　　8.3.2 StreamReader 类和
　　　　　StreamWriter 类 142
　　8.3.3 BinaryReader 类和
　　　　　BinaryWriter 类 146
本章小结 148
本章练习 148

第 9 章 多线程应用程序 149
9.1 线程概述 150
　　9.1.1 进程、线程和应用程序域 150
　　9.1.2 线程限制 151
　　9.1.3 C# 对多线程的支持 151
9.2 C# 中多线程的实现 151
　　9.2.1 线程的创建 151
　　9.2.2 线程的状态 154
　　9.2.3 线程的优先级 155
　　9.2.4 线程池 155
　　9.2.5 线程组件 156
本章小结 159
本章练习 159

第 10 章 .NET4.0 的新特性 161
10.1 推断类型 162
10.2 扩展方法 163
10.3 对象初始化器 166
10.4 匿名类 167
10.5 Lambda 表达式 168
10.6 LINQ 查询 169
　　10.6.1 LINQ 简介 169
　　10.6.2 LINQ 查询步骤 170
　　10.6.3 LINQ 查询关键字 171
10.7 dynamic 新关键词 174
10.8 可选或默认参数 174
10.9 命名参数 175
本章小结 176
本章练习 176

实 践 篇

实践 1 C# 概述 179
实践指导 179
实践 1.1 179
实践 1.2 182
实践 1.3 184
知识拓展 186
拓展练习 190

实践 2 C# 语言基础 191
实践指导 191
实践 2.1 191
实践 2.2 192
知识拓展 193
拓展练习 198

实践 3 窗体和常用控件 199
实践指导 199
实践 3.1 200
实践 3.2 202
实践 3.3 204
知识拓展 206
拓展练习 210

实践 4 界面设计 211
实践指导 211
实践 4.1 211
实践 4.2 215
实践 4.3 217
知识拓展 219
拓展练习 226

实践 5 面向对象程序设计 227
实践指导 227
实践 5.1 227
实践 5.2 230
实践 5.3 233
实践 5.4 236
知识拓展 237
拓展练习 248

实践 6 ADO.NET 数据库访问 249
实践指导 249
实践 6.1 249
实践 6.2 256
实践 6.3 258
实践 6.4 263
知识拓展 266
拓展练习 275

实践 7 数据绑定和操作 276
实践指导 276
实践 7.1 276
实践 7.2 279
实践 7.3 295
实践 7.4 301
知识拓展 307
拓展练习 309

实践 8 文件处理 310
实践指导 310
知识拓展 311
拓展练习 313

实践 9 .NET4.0 的新特性 314
实践指导 314
实践 9.1 314
实践 9.2 319
知识拓展 322
拓展练习 325

理论篇

第1章　C# 概述

本章目标

- 了解 .NET 框架的结构
- 理解 CLR、IL、CLS、JIT 概念
- 了解 C# 语言的特点以及与 .NET 框架的联系
- 掌握 C# 程序的结构

WinForm 程序设计及实践

1.1 .NET 框架

2000 年，微软公司推出的"Microsoft .NET 下一代互联网软件和服务战略"，引起了 IT 行业的广泛关注。2002 年，微软公司发布 Visual Studio .NET(内部版本号为 7.0)，在这个版本中，引入了建立在 .NET 框架上的托管代码机制和一门新的编程语言 C#，之后微软公司先后发布了 Visual Studio .NET 2003、Visual Studio 2005、Visual Studio 2008、Visual Studio 2010、Visual Studio 2012、Visual Studio 2013 和 Visual Studio 2015，对应的 .NET 框架经历了 .NET Framework 1.0、.NET Framework 2.0、.NET Framework 3.5、.NET Framework 4.0 和 .NET Framework 4.5 版本。

目前 .NET 平台已经非常成熟，除了支持传统的 Windows 应用程序和 Web 应用程序开发，还可以支持跨平台移动开发和云开发等。Visual Studio 是非常流行的 Windows 平台应用程序集成开发环境，其发展历史如表 1-1 所示。

表 1-1 Visual Studio 的发展历史

名 称	内部版本	发布日期	支持 .NET Framework 版本
Visual Studio .NET 2002	7.0	2002-02-13	1.0
Visual Studio .NET 2003	7.1	2003-04-24	1.1
Visual Studio 2005	8.0	2005-11-07	2.0
Visual Studio 2008	9.0	2007-11-19	2.0、3.0、3.5
Visual Studio 2010	10.0	2010-04-12	2.0、3.0、3.5、4.0
Visual Studio 2012	11.0	2012-08-25	2.0、3.0、3.5、4.0、4.5
Visual Studio 2013	12.0	2013-10-17	2.0、3.0、3.5、4.0、4.5、4.5.1、4.5.2
Visual Studio 2015	14.0	2014-11-10	2.0、3.0、3.5、4.0、4.5、4.5.1、4.5.3、4.5.5

1.1.1 .NET 框架结构

微软 .NET 平台的核心是一系列新技术的集合，统称为 .NET Framework，它是一个可以作为平台支持下一代 Internet 的可编程集合环境。.NET 框架集提供了一个可快速开发各种应用程序的平台，其目的就是让用户在任何地方、任何时间，以及利用任何设备都能访问他们所需要的信息、文件和程序。例如使用 .NET 框架可以开发 Web 应用程序、Windows 窗体应用程序以及类库等。

.NET 框架体系结构由以下四个主要部分组成：

- ◆ 公共语言运行时(Common Language Runtime，CLR)。
- ◆ 基础类库(Base Class Library)。
- ◆ ADO.NET 数据库访问。

◆ 活动服务器页面(C#)。

其层次结构如图 1-1 所示。

1．公共语言运行时(CLR)

公共语言运行时是 .NET 框架应用程序的执行引擎。在程序运行过程中，CLR 负责管理内存分配、启动或删除线程和进程、实施安全性策略，同时满足当前组件对其他组件的需求。在开发阶段，公共语言运行时实现了高度的自动化，使开发人员的工作变得非常轻松，尤其是映射功能显著减少了开发人员将业务逻辑转化成可复用组件的代码编写量。

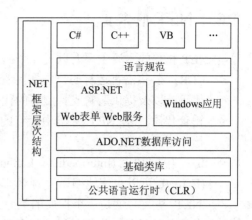

图 1-1 .NET 框架体系结构

2．基础类库

.NET 框架为开发人员提供了一个统一的、面向对象的、层次化的、可扩展的类库集(API)。在 .NET 平台支持的各种语言中都可以使用这个类库。

3．ADO.NET 数据库访问

ADO.NET 起源于 ADO(ActiveX Data Objects)，它是一组用于和数据源交互的面向对象的类库。ADO.NET 实现了 ADO 无法满足的三个重要需求：① 提供了断开的数据访问模型，这对 Web 环境至关重要；② 提供了与 XML 的紧密集成；③ 提供了与 .NET 框架的无缝集成。

4．活动服务器页面(C#)

C# 提供了 Web 应用程序模型，该模型由一组控件和一个基本结构组成。C# 使 Web 应用程序的构建变得非常容易，开发人员可以直接使用 C# 控件集；C# 还提供了一些基本结构服务(诸如会话状态管理和进程重启服务)，这些服务大大减少了开发人员要编写的代码量，并使应用程序的可靠性得到大幅度提高。

1.1.2 .NET 框架的优点

.NET Framework 具有以下几个优点：

◆ 统一的程序设计模式：.NET Framework 提供了跨语言的面向对象的统一程序设计模式，这种模式可用于读写文件、数据库访问等，例如 ADO.NET。
◆ 跨平台应用：.NET 应用程序可以运行在任意被 CLR 所支持的系统中。
◆ 多语言集成：.NET 允许多种语言进行集成，例如可以在 C# 中使用一个用 VB 实现的类，即对象之间能够进行相互作用而不考虑开发这些对象的语言。
◆ 自动资源管理：CLR 会对应用程序所使用的资源进行自动检测，释放不使用的资源，无须程序员干预，减轻了程序员的负担。
◆ 轻松部署：.NET Framework 提供了安装部署项目，可以对应用程序进行部署，轻松形成安装文件，便于在目标计算机中进行安装部署。

1.1.3 .NET 的术语

与 .NET 相关的术语主要有以下几个：

- **CLR**：公共语言运行时，它实际管理代码，可以处理加载程序、运行程序的代码，以及提供所有支持服务的代码。
- **托管代码**：在 .NET 环境中运行的任何代码都称为托管代码，它们都是以运行库为目标的。
- **IL**：中间语言(Intermediate Language)，编译器将源代码编译成中间语言(IL)，IL 可以快速地编译为内部机器代码。
- **.NET 基类**：这是一个扩展的类库，它包含预先写好的代码，执行 Windows 上的各种任务，例如显示窗口和窗体、访问 Windows 基本服务、读写文件、访问网络和访问数据源。
- **CLS**：公共语言规范(Common Language Specification)，这是确保代码可以在任何语言中访问的最小标准集合，所有用于 .NET 的编译器都应支持 CLS。CLS 构成了可以在 .NET 和 IL 中使用的功能子集，代码也可以使用 CLS 外部的功能。
- **JIT**：Just-In-Time 编译，此术语用于表示执行编译过程的最后阶段，即从中间语言转换为内部机器代码。其名称的来源是部分代码按需要即时编译的。

应用程序在 .Net FrameWork 中的执行顺序如图 1-2 所示。

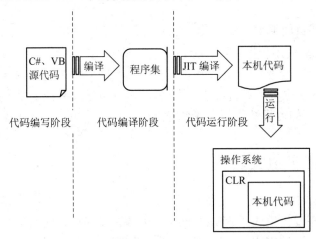

图 1-2　应用程序在框架中的执行顺序

1.1.4　C# 与 .NET 框架

.NET 框架支持多种开发语言，在生成中间语言之前，可以使用框架支持的任意一种语言进行开发，生成中间语言之后，各个语言可以对中间语言进行调用，从而实现框架内的代码重用。

.NET 框架支持 C#、Visual Basic、C++、J# (已从 Visual Studio 2008 中去除)、F# 几种

语言。

图 1-3 显示了 C# 在 .NET 框架中的具体位置。

C# 是一种为了迎合 .NET 创建分布式应用程序的目标而产生的程序设计语言。C# 中所引进的一些关键特征如下：

- ◇ 继承。
- ◇ 构造函数和析构函数。
- ◇ 重载。
- ◇ 覆盖。
- ◇ 结构化异常处理。
- ◇ 多线程。

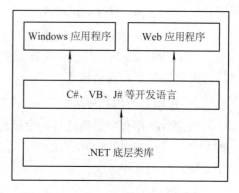

图 1-3 C# 在 .NET 框架中的具体位置

 继承不仅仅是 C# 的特征，更是 .NET Framework 的特征。在 .NET Framework 中可以使用任意一种语言创建一个基类，而在另一种语言中创建继承该基类的子类。这为多语言代码之间的重用提供了可能性。

1.1.5 .NET 框架应用程序种类

.NET 框架是一个综合的开发框架，开发人员可以利用它创建不同类型的应用程序。

运行 Visual Studio 2010(以下简称 VS2010)后，单击"文件"→"新建"→"项目"，将打开如图 1-4 所示的"新建项目"窗口。在窗口左侧"已安装模板"中可以看到，VS2010 提供了 Windows、Web 等各种类型应用程序的模板。

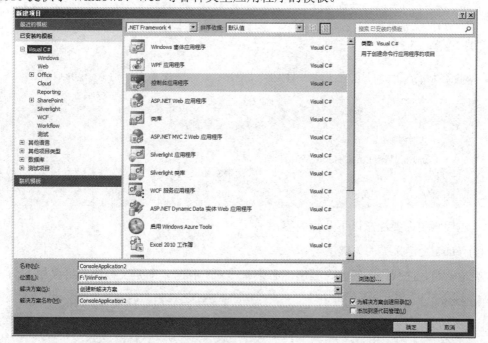

图 1-4 新建项目

1. Windows 窗体应用程序

Windows 窗体应用程序是指运行在 Windows 操作系统上的窗口式应用程序。.NET 框架封装了 Win32 API，提供一个高效的、面向对象的、可扩展的类库，使 Windows 应用程序开发更加简单，效率更高。

2. 控制台应用程序

控制台应用程序是指通过命令行运行的控制台应用，此种应用程序通过 DOS 环境下的命令行与用户进行交互。在开发极少或根本不需要用户交互的实用工具程序时，可以使用控制台应用程序。

3. 类库

类库模板用于创建可重用的组件，类库所形成的 .dll 文件可以应用于多个项目，在不同项目中只需引入 .dll 就可以使用此类库所提供的功能。

 本书在讲解 C# 的基础语法时使用控制台应用程序，讲解窗体界面时则使用 Windows 窗体应用程序。

1.2 第一个 C# 程序

【示例 1.1】 使用 C# 编写 HelloWorld 控制台应用程序。

运行 VS2010，创建一个项目名称为 ch01 的控制台应用程序，并在该项目中创建一个名为 HelloWorld 的模块，代码如下：

```
class HelloWorld
{
    //Main 函数，程序的入口
    static void Main()
    {
        //控制台输出
        Console.WriteLine("Hello World！");
    }
}
```

上述代码中需要注意以下几点内容：

(1) class 是定义类的关键字。

类是一组程序代码的组合，其出现必须有一对大括号，即定义模块的格式如下：

```
class HelloWorld
{
    //方法体
}
```

(2) 双斜杠是注释符号。

//Main函数，程序的入口

该双斜杠后面的内容将被注释。

(3) Main()过程是程序的主过程。

当程序执行时会从 Main()过程开始。

(4) Console 类是控制台。

Console 类提供了一组操纵控制台对象的方法，其中 WriteLine()方法用于在控制台输出一行信息。

按下"Ctrl + F5"组合键，运行 HelloWorld.CS 程序代码，程序执行后控制台的输出结果如图 1-5 所示。

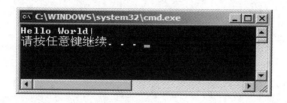

图 1-5　HelloWorld 运行结果

 按下"F5"键，程序将调试运行，运行结束后，控制台窗口会自动关闭；按下"Ctrl + F5"组合键，程序将直接运行，运行结束后控制台窗口不会关闭，按任意键后可以关闭。

本 章 小 结

通过本章的学习，学生应该能够掌握：

- ◇ .NET Framework 框架体系架构。
- ◇ CLR 公共语言运行时，是 .NET 框架应用程序的执行引擎。
- ◇ CLS 公共语言规范，定义和管理所有类型所遵循的规则，且无需考虑源语言。
- ◇ .NET 框架支持 C#、VB、C++、F# 和 J# 等语言。
- ◇ C# 语言具有快速开发应用程序的能力，并增加了面向对象的特征。

本 章 练 习

1. 以下不是 .NET 框架体系结构的组成部分的是_____。

    A. 公共语言运行时(Common Language Runtime，CLR)

    B. 基础类库(Base Class Library)

    C. ADO

    D. 活动服务器页面(C#)

2. 简述 .NET 框架的组成部分及各个部分所代表的意义。
3. 简述 C# 的特性。
4. 简述 .NET 框架应用程序种类。
5. 编写一个 C# 控制台应用程序,在控制台输出"欢迎来到 C# 世界!"。

第 2 章　C# 语言基础

本章目标

- 掌握 C# 的数据类型
- 掌握变量和常量的定义
- 掌握运算符的种类及特点
- 熟练使用分支语句和循环语句
- 熟练使用数组

2.1 数据类型

C#语言中的数据类型主要分为两类：值类型和引用类型。
值类型主要包括：
- 整型。
- 字符型(char)。
- 浮点型(float，double)。
- 小数型(decimal)。
- 布尔型(bool)。
- 结构(struct)。
- 枚举(enum)。

引用类型主要包括：
- 类类型。
- 接口类型。
- 委托类型。
- 数组类型。

2.2 变量和常量

C#中允许使用变量和常量来存储数据，变量和常量是程序设计的基础。

2.2.1 变量

变量是程序运行过程中临时存放数据的内存空间，在声明时需指定其名称和数据类型。变量名可用来访问和操作变量的值，变量的数据类型决定变量存储数据的类型和取值范围。

声明变量语法格式如下：

数据类型 变量;

例如：

double salary;   //声明一个双精度的浮点型变量 salary
int x ;   //声明一个整型变量 x
bool b ;   //声明一个布尔型变量 b

声明变量以后，在使用变量前需要对其赋初值，例如：

salary = 8888.8;
x = 1;
b = True;

可以声明变量的同时进行赋初值，例如：

double salary = 8888.8;

```
int x = 1;
bool b = True;
```

2.2.2 常量

在程序运行过程中值不会发生变化的量称为常量。在 C# 中,使用 const 关键字来定义常量,语法格式如下:

```
const 数据类型 常量名 = 值;
```

例如:

```
const float pi = 3.1415926f;
```

常量与变量最大的区别是:变量的值可以不断改变,而常量的值一经定义就不能改变。如果给已经定义的常量赋一个其他的值,程序会出错,例如:

```
pi = 3.14f //错误
```

2.3 运算符

运算符是一个符号,用来操作一个或多个表达式以生成结果。在 C# 中,运算符可以分为算术运算符、比较运算符、逻辑运算符等。

2.3.1 算术运算符

算术运算符是用来对数据进行算术操作的符号。常用的算术运算符如表 2-1 所示。

表 2-1 算术运算符

运算符	数学含义	示例
+	加	a+b
−	减或负号	a−b,−b
*	乘	a*b
/	除	a/b,如果 a=21,b=2,则 a/b=10
%	取模	a % b

【示例 2.1】 定义两个整型变量并赋值,对这两个变量进行算术运算(加、减、乘、除、取模),并将结果输出到控制台。

创建一个控制台应用程序,命名 ch02,新建类 MathOP,代码如下:

```
class MathOP
{
    static void Main()
    {   int a = 13;
        int b = 2;
        Console.WriteLine("{0}+{1}={2}", a, b, a + b);
```

```
        Console.WriteLine("{0}-{1}={2}", a, b, a - b);
        Console.WriteLine("{0}*{1}={2}", a, b, a * b);
        Console.WriteLine("{0}/{1}={2}", a, b, (double)a / b);
        Console.WriteLine("{0}%{1}={2}", a, b, a % b);
    }
}
```

上述代码中,在输出语句中使用了"{n}"占位符,其中 n 是索引,从 0 开始,表示第几个参数。参数是从第 1 个逗号后开始的,例如:

`Console.WriteLine("{0}+{1}={2}", a, b, a + b)`

该语句中,"a"是第一个参数对应"{0}";"b"是第二个参数对应"{1}";"a+b"是第三个参数对应"{2}"。输出时,将参数的值显示到对应占位符的位置。

运行结果如图 2-1 所示。

图 2-1 算术运算结果

2.3.2 比较运算符

比较运算符是用来进行比较的符号,可以对两个数据进行比较操作并返回一个布尔值,如果成立则表达式的值为 True,否则为 False。常用的比较运算符如表 2-2 所示。

表 2-2 比较运算符

运 算 符	描　　述	示　　例
<	小于	a<b
>	大于	a>b
<=	小于等于	a<=b
>=	大于等于	a>=b
==	等于	a==b
!=	不等于	a!=b

【示例 2.2】 定义两个整型变量并赋值,对这两个变量进行比较运算,并将结果输出到控制台。

打开项目 ch02,新建类 CompareOP,代码如下:

```
class CompareOP
{
    static void Main()
    {
        int a = 56;
        int b = 67;
        Console.WriteLine("{0}<{1} 为 {2}", a, b, a < b);
        Console.WriteLine("{0}>{1} 为 {2}", a, b, a > b);
```

```
            Console.WriteLine("{0}<={1} 为 {2}", a, b, a <= b);
            Console.WriteLine("{0}>={1} 为 {2}", a, b, a >= b);
            Console.WriteLine("{0}=={1} 为 {2}", a, b, a == b);
            Console.WriteLine("{0}!={1} 为 {2}", a, b, a != b);
        }
}
```

运行结果如图 2-2 所示。

图 2-2 比较运算结果

2.3.3 逻辑运算符

逻辑运算符是用来进行逻辑运算的符号，可对表达式进行逻辑判断并返回一个布尔值，如果成立则表达式的值为 True，否则为 False。常用的逻辑运算符如表 2-3 所示。

表 2-3 逻辑运算符

运算符	描述	示例
&&	与	a && b
!	非	!a
||	或	a || b

逻辑运算符的运算规则如表 2-4 所示。

表 2-4 真值表

a	b	a && b	a || b	! a
True	True	True	True	False
True	False	False	True	False
False	True	False	True	True
False	False	False	False	True

【示例 2.3】 定义两个布尔型变量并赋值，对这两个变量进行逻辑运算，并将结果输出到控制台。

打开项目 ch02，新建类 LogicOP，代码如下：

```
class LogicOP
{
    static void Main()
```

```
    {
        bool a = true;
        bool b = false;
        Console.WriteLine("{0} && {1} 为{2}", a, b, a && b);
        Console.WriteLine("{0} || {1} 为{2}", a, b, a || b);
        Console.WriteLine("! {0} 为{1}", a, !a);
    }
}
```

运行结果如图 2-3 所示。

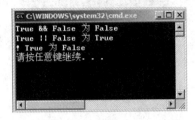

图 2-3 逻辑运算结果

2.4 流程控制语句

通常，程序自上往下逐条执行每一条语句，然而可以通过使用各种流程控制语句来控制语句的执行循序，得到期望的结果。

2.4.1 分支语句

C# 提供 if…else、if…else if…else、switch 三种分支语句。

本节将通过实例来详细介绍三种分支语句的使用方法。

1. if…else

语法结构如下：

```
if(表达式)
    语句 1
else
    语句 2
```

当表达式为 True 时，执行语句 1；否则执行语句 2。

例如：

```
if (age < 0)
    Console.WriteLine("年龄不合法");
else
    Console.WriteLine("年龄合法");
```

2. if…else if…else

语法结构：

```
if(表达式 1)
    语句 1;
else if(表达式 2)
    语句 2;
……
else
    语句 n;
```

当表达式 1 为 True 时，执行语句 1；当表达式 2 为 True 时，执行语句 2；当所有表达式的值都为 False 时，执行语句 n。

【示例 2.4】 从控制台接收一个年龄值，如果年龄小于 0 或大于 100，则提示"年龄不合法"；如果年龄小于 10，则输出"儿童"；如果年龄小于 20，则输出"少年"；否则输出"成年"。

打开项目 ch02，新建类 IfElseDemo，代码如下：

```
class IfElseDemo
{
    static void Main()
    {
        int age = 0;
        Console.WriteLine("请输入一个年龄值：");
        age = Convert.ToInt32(Console.ReadLine());
        if (age < 0 || age > 100)
        {
            Console.WriteLine("年龄不合法");
        }
        else if (age < 10)
        {
            Console.WriteLine("儿童");
        }
        else if (age < 20)
        {
            Console.WriteLine("少年");
        }
        else
        {
            Console.WriteLine("成年");
        }
    }
}
```

上述代码中使用了转换类 Convert，此类可以将一个数据类型转换成另一个数据类型，其常用的转换方法如表 2-5 所示。

表 2-5　Convert 类中常用的转换方法

方　　法	功　能　说　明
ToInt32()	转换成 32 位的整数，即 int 类型
ToInt64()	转换成 64 位的整数，即 long 类型
ToSingle()	转换成单精度的浮点数，即 single 类型
ToDouble()	转换成双精度的浮点数，即 double 类型
ToString()	转换成字符串，即 string 类型

程序运行结果如图 2-4 所示。

图 2-4　分支语句运行结果

3. switch

switch 语句是一个多分支语句，其语法结构如下：

```
switch(参数)
{
    case 值 1:
        语句块 1;
        break;
    case 值 2:
        语句块 2;
        break;
    case 值 3:
        语句块 3;
        break;
    ......
    default:
        语句块 n;
        break;
}
```

下述代码使用"switch"语句来实现示例 2.4，代码如下：

```
class SwitchDemo
{
    static void Main()
    {
```

```csharp
int age = 0;
Console.WriteLine("请输入一个年龄值：");
age = Convert.ToInt32(Console.ReadLine());
//将年龄除 10 取整
switch (age / 10)
{
    case 0:
        Console.WriteLine("儿童");
        break;
    case 1:
        Console.WriteLine("少年");
        break;
    case 2:
    case 3:
    case 4:
    case 5:
    case 6:
    case 7:
    case 8:
    case 9:
    case 10:
        Console.WriteLine("成年");
        break;
    default:
        Console.WriteLine("年龄不合法");
        break;
}
```

其中，case 语句后可以跟随多个数值，这些数值以逗号分隔，例如：

case 2, 3, 4, 5, 6, 7, 8, 9, 10

当表达式的值与这些数值中的任意一个匹配时，将执行同一个语句块。

运行结果如图 2-5 所示。

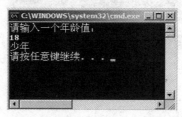

图 2-5　switch 语句运行结果

2.4.2 循环语句

循环语句可以重复执行一行或多行语句。C# 中的循环语句有 for、while、do…while 三种结构。

循环能够减少代码量，避免重复输入相同的代码行，提高应用程序的可读性。

1．for

for 是固定循环语句，可以对语句块循环执行指定的次数。其语法结构如下：

```
for(初始化表达式;条件表达式;迭代表达式)
{
    循环语句;
}
```

当条件表达式为 True 时，会一直循环代码块；当条件表达式为 False 时，则结束循环并跳出。

【示例 2.5】 使用 for 循环语句求 1～100 的和，并输出。

创建 ForDemo 类并编写代码如下：

```
class ForDemo
{
    static void Main()
    {
        int i = 0;
        int sum = 0;
        for (i = 1; i <= 100; i++)
        {
            sum += i;
        }
        Console.WriteLine(sum);
    }
}
```

运行结果如图 2-6 所示。

图 2-6　for 执行结果

2．while

while 循环一般用于重复执行次数可变的循环。其语法结构如下：

```
While(条件表达式)
{
    语句体;
}
```

【示例 2.6】 使用 while 循环求 1~100 的和。

创建类 WhileDemo 并编写代码如下：

```
class WhileDemo
{
    static void Main()
    {
        int i = 1;
        int sum = 0;
        while (i <= 100)
        {
            sum += i;
            i++;
        }
        Console.WriteLine(sum);
    }
}
```

运行结果与图 2-6 相同。

3．do…while

do…while 循环其实是 while 循环的一种特殊形式，区别在于 do…while 会先执行一次再做判断。其语法结构如下：

```
do
{
    语句体;
}
While(条件表达式)
```

【示例 2.7】 使用 do…while 循环求 1~100 的和。

创建类 DoWhileDemo 并编写代码如下：

```
class DoWhileDemo
{
    static void Main()
    {
        int i = 1;
        int sum = 0;
        do
        {
```

```
            sum += i;
            i++;
        }
        while (i <= 100);
        Console.WriteLine(sum);
    }
}
```

运行结果与图 2-6 一样。

2.5 数组

数组是具有相同数据类型的数据集合。数组中的每个数据称为数组元素，可以使用元素的位置索引号来访问数组元素。

2.5.1 声明数组

数组的声明格式如下：

数据类型[] 数组名

例如：

int[] a;

2.5.2 数组初始化

数组是引用类型，所以在数组声明后，必须为数组分配内存，为数组初始化。例如：

```
//第一种初始化方式
int[] myArray;
myArray = new int[4];
//第二种初始化方式
int[] myArray = new int[4];
//第三种初始化方式
int[] myArray = new int[4] { 1,4,8,5};
//第四种初始化方式
int[] myArray = new int[] { 1,3,4,7};
//第五种初始化方式
int[] myArray = { 4,6,8,9};
```

2.5.3 访问数组元素

数组在声明和初始化后，可以使用索引器进行访问。其语法格式如下：

数组名[索引值]

其中：
- 索引值只能为整数。
- 索引值从 0 开始，最大值是数组长度减 1。

【示例 2.8】 定义一个数组并初始化，利用索引读取并修改数组中的值，输出到控制台；遍历数组，输出到控制台。

打开项目 ch02，新建类 ArrayDemo，代码如下：

```csharp
class ArrayDemo
{
    static void Main()
    {
        int[] myArray = { 4, 7, 11, 2 };
        //使用索引器取出元素
        int num1 = myArray[0];
        int num2 = myArray[3];
        Console.WriteLine("num1={0}", num1);
        Console.WriteLine("num2={0}", num2);
        //为指定元素赋值
        myArray[3] = 88;
        num2 = myArray[3];
        Console.WriteLine("现在 num2={0}", num2);
        //遍历数组
        for (int i = 0; i < myArray.Length; i++)
        {
            Console.WriteLine(myArray[i]);
        }
    }
}
```

运行结果如图 2-7 所示。

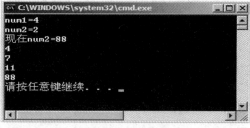

图 2-7 访问数组

2.5.4 二维数组

C# 二维数组的声明格式如下：

数据类型[,] 数组名 = new 数据类型[,];

  例如：

int[,] intArray = new int[3, 5];

  数组 intArray 是一个 3 行 5 列的二维整型数组，可以在创建二维数组的同时给其赋值，例如：

int[,] intArray = new int[3, 3] {{1,2,3},{4,5,6},{7,8,9} };

  读取第 2 行第 2 列的值为：

Console.WriteLine(intArray[1, 1]);

本 章 小 结

  通过本章的学习，学生应该能够掌握：
- 定义常量使用 const 关键字。
- C# 提供三种分支语句：if…else、if…else if…else、switch。
- C# 中的循环语句有以下几种结构：for、while、do…while。
- C# 中数组的定义、初始化、访问。

本 章 练 习

1. 下面的循环操作是否正确？为什么。

for (int i = 0; i < 5;)
{
  Console.WriteLine("Hello");
}

2. 下面对于数组的声明正确的是_____。
  A. int[] a = new int();
  B. string[] b = new string[];
  C. int[] c = new int[4];
  D. 以上说法都错

3. 下面代码的运行结果是_____。

int a = 4;
int b = 5;
int c = a > b ? a : b;
Console.WriteLine(c);

  A. 4
  B. 5
  C. False
  D. 运行错误

4. 值为 True 和 False 的数据类型是_____。

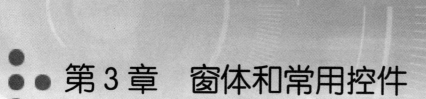

第 3 章　窗体和常用控件

本章目标

- 了解 .NET Framework 对 GUI 的支持
- 掌握控件的基本属性和事件
- 掌握窗体的创建和使用
- 掌握 Button 控件的使用
- 掌握 Label 控件的使用
- 掌握文本控件的使用
- 掌握选择控件的使用
- 掌握 PictureBox 控件的使用
- 掌握容器控件的使用

3.1 控件概述

与用户进行交互的接口有两种：控制台用户接口(CUI)和图形用户接口(GUI)。CUI 是通过命令与应用程序产生联系，需要用户输入命令及记住语法。而基于 GUI 的图形界面软件是目前应用程序的主流，用户通过使用鼠标操作界面中的控件，轻松完成与应用程序的交互。

.NET Framework 提供了对 GUI 图形界面应用程序的支持，并提供了大量的控件，例如窗体、按钮、文本框等。使用这些控件可以方便地设计出应用程序界面，甚至可以在其基础上自定义控件。

C# 的 Windows 窗体应用程序提供了 GUI 支持，由窗体和控件组成。在 C# 中创建 GUI 应用程序，需要在新建项目时选中"Windows 窗体应用程序"模板，如图 3-1 所示。

图 3-1 创建 Windows 窗体应用程序

新建项目后将自动创建一个名为"Form1"的窗体，如图 3-2 所示，在编辑器区域有一个 Form1 窗口，此时该窗口正处于设计模式。设计图形界面非常简单，工具箱中提供了很多控件，使用时只需将相应的控件拖拽到 Form 窗体中即可。

注意：Form 窗体有两种模式：设计模式和编辑模式。在设计模式下可以设计界面，并修改控件的属性等；在编辑模式下可以编写、修改代码。

本章将深入介绍 Windows 窗体应用程序中的基本控件，它们是 Windows 界面的基本组成元素。每个控件都有属性、事件和方法，通过属性窗口可以查看并设置控件的属性或事件。其中，大部分控件都具有一些基本的属性和事件，例如基本属性有：Name(名称)、

Text(标题)、Font(字体)、Size(大小)等；基本事件有：Click(鼠标单击)、KeyDown(键盘按下)、MouseMove(鼠标移动)等。本章将首先介绍控件的基本属性和事件，在讲述各个具体控件时将不再强调这些属性和事件，而是重点讨论每个控件特有的常用属性和事件的使用方法。

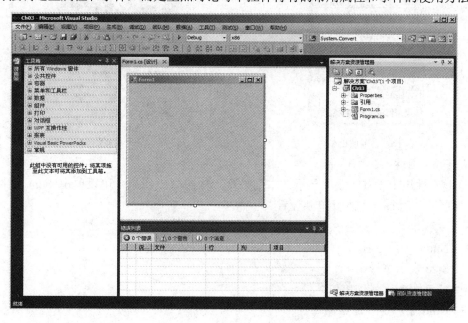

图 3-2 Windows 窗体和控件

3.1.1 控件的基本属性

1. Name 属性

Name 属性是所有控件都具有的属性，用于指明该控件的名称。所有的控件在创建时都有一个默认的名称，一般是控件名加数字，如 Form1、TextBox1 等。在代码中需要使用控件的 Name 属性来引用控件，所以为了提高可读性，一般需要修改为有意义的名称。

2. Text 属性

Text 属性一般用于获取或者设置与控件关联的文本。不同控件的 Text 属性含义稍有不同，如窗体的 Text 属性表示其标题，文本框的 Text 属性表示其中的内容等。

3. ForeColor 属性和 BackColor 属性

ForeColor 属性用于设置或获取控件的前景颜色，即文本颜色，其值是一个十六进制的常数，可以在属性窗口中的调色板中直接选取，其默认值是黑色，如图 3-3 所示。

在图 3-3 显示的调色板中有"Web"选项卡和"系统"选项卡，在这两个选项卡中都是已经预定义好的颜色，如果需要自定义颜色，则在"自定义"选项卡下方的任意空白处右击鼠标，打开"Define Color"窗口，如图 3-4 所示。可以从中选取自定义的颜色将其添加到"自定义"选项卡中，也可以输入颜色的 RGB 值或者 HSL 值来定义颜色。

BackColor 属性用于设置控件文字以外的背景颜色，其设置方法与 ForeColor 属性相同，这里不再赘述。

图 3-3 调色板

图 3-4 "Define Color"窗口

4．Font 属性

Font 属性用于设置或获取显示文本的外观。如图 3-5 所示，可以单击 Font 属性前面的"+"展开，对每一项进行单独设置。

其中：

- ◇ Name 表示字体。
- ◇ Size 表示字号。
- ◇ Unit 表示字号的单位。
- ◇ Bold 表示是否是黑体。
- ◇ Italic 表示是否斜体。
- ◇ Strikeout 表示是否带删除线。
- ◇ Underline 表示是否带下划线。

也可以单击 Font 属性右边的 按钮，打开"字体"对话框设置，如图 3-6 所示。

图 3-5 Font 属性

图 3-6 "字体"对话框

5．Size 属性与 Location 属性

Size 属性用于设置或获取控件的尺寸。单击 Size 属性前面的"+"，可以看到"Width"和"Height"两个属性，分别用于设置组件的宽度和高度(以像素为基本单位)。

Location 属性用于设置或获取控件的显示位置。单击 Location 属性前面的"+"，可以看到"X"和"Y"两个属性，表示该控件左上角的坐标。

6．Visible 属性

Visible 属性用于指示控件是否可见，其取值是 Boolean 类型，默认为 True，表示控件在程序运行时可见；设成 False 表示在运行时不可见，但控件本身仍然存在。

7. Enabled 属性

Enabled 属性用于指示控件是否可用，其取值是 Boolean 类型，默认为 True，表示控件可用，即允许用户进行操作，并对用户的操作做出响应；设成 False 表示不可用，禁止用户进行操作，控件呈暗灰色。

3.1.2 控件的基本事件

1. Click 事件

基本上所有控件都提供了 Click 事件，此事件在鼠标单击控件时触发。以按钮的 Click 事件为例，下述代码是单击按钮时的处理过程：

```
private void button1_Click(object sender, EventArgs e)
{
}
```

Click 事件的处理过程带两个参数：事件发送者和事件参数。

1. DoubleClick 事件

DoubleClick 事件在鼠标双击控件时触发，与 Click 事件类似。

2. 键盘事件

键盘事件主要用于响应键盘输入操作，必须在控件获得焦点时才能被捕获。常用的键盘事件如下：

- ◇ KeyDown 事件：当键被按下时触发。
- ◇ KeyPress 事件：当所按的键产生字符时触发。
- ◇ KeyUp 事件：当键被释放时触发。

KeyDown 事件与 KeyUp 事件的处理过程类似，均提供一个 KeyEventArgs 参数。该参数的属性如下：

- ◇ KeyCode 属性：表示被按下的物理键的键值，取值为 Key 枚举的成员。Key 枚举用于指定键的代码和修饰符。例如，A 代表 A 键，Enter 代表回车键，D0 代表 0 键，NumPad0 代表数字键盘的 0 键等。
- ◇ KeyPress 事件在 KeyDown 事件之后引发，它的事件处理提供一个 KeyPressEventArgs 参数，包含所按键的字符代码。此字符代码对于字符键和修改键的每个组合都是唯一的。

3. 鼠标事件

鼠标事件用于使应用程序响应鼠标的各种动作，常用的有鼠标单击事件、双击事件、移动事件等。下面列出了所有的鼠标事件：

- ◇ MouseClick 事件：当用鼠标单击该控件时触发。
- ◇ MouseDoubleClick 事件：当用鼠标双击该控件时触发。
- ◇ MouseDown 事件：当鼠标指针位于控件上并按下鼠标键时触发。
- ◇ MouseUp 事件：当鼠标指针在控件上并释放鼠标键时触发。

- ◇ MouseMove 事件：当鼠标指针在控件上移动时触发。
- ◇ MouseEnter 事件：当鼠标指针在进入控件时触发。
- ◇ MouseHover 事件：当鼠标指针停放在控件上时触发。
- ◇ MouseLeave 事件：当鼠标指针在离开控件时触发。
- ◇ MouseWheel 事件：当移动鼠标滚轮并且控件有焦点时触发。
- ◇ MouseCaptureChanged 事件：当控件失去或获得鼠标捕获时触发。

鼠标事件是具有顺序的，其发生次序如下：

- ◇ MouseEnter：鼠标指针进入控件。
- ◇ MouseMove：鼠标指针发生移动。
- ◇ MouseHover / MouseDown / MouseWheel：鼠标指针悬停或者按键按下或者滚轮滚动。
- ◇ MouseUp：鼠标按键抬起。
- ◇ MouseLeave：鼠标指针离开控件。

了解鼠标事件的发生时间和顺序，就可以根据需要选择相应的鼠标事件编写处理过程。通常在鼠标事件处理过程中处理鼠标输入时，需要了解鼠标指针的位置和鼠标按钮的状态，这些信息是通过 System.Windows.Forms.MouseEventArgs 类来获取的。MouseEventArgs 提供有关鼠标当前状态的信息，包括鼠标指针在工作区坐标中的位置，按下了哪个鼠标按钮以及是否滚动了鼠标滚轮。

MouseEventArgs 类具有如下属性：

- ◇ Button：获取按下的是哪个鼠标按钮，取值可以是 None、Left、Middle、Right，分别代表没有鼠标按键按下、鼠标左键按下、鼠标中键按下和鼠标右键按下。
- ◇ Clicks：获取按下并释放鼠标按钮的次数，取值为整型。
- ◇ Delta：获取鼠标滚轮的转动计数。正值指示鼠标滚轮向前(远离用户的方向)转动；负值指示鼠标滚轮向后(朝着用户的方向)转动。
- ◇ Location：获取鼠标在产生鼠标事件时的位置，取值是 Point 结构类型。
- ◇ X：获取鼠标在产生鼠标事件时的 x 坐标。
- ◇ Y：获取鼠标在产生鼠标事件时的 y 坐标。

事件处理过程通常具有两个参数：第一个参数引用触发事件的控件；第二个参数封装了事件的一些状态信息。不同事件的处理过程，其第二个参数的类型也不同，相应的其内部封装的状态信息也不同。

3.2 窗体

在任何基于 Windows 的应用程序中，窗体都是最基本的单元，它以图形界面的形式与用户进行交互。窗体有属性、方法和事件，用于控制窗体的外观和行为。通过使用属性可以定义窗体的外观，使用方法实现窗体的行为，使用事件实现与用户的交互。

.NET Framework 提供的窗体类是 System.Windows.Forms.Form，其常用的属性如表 3-1 所示。

表 3-1　Form 窗体常用的属性

属　　性	功　能　说　明
Name	窗体的名称
Text	窗体标题栏中的文本
Size	窗体的宽度和高度
WindowState	窗体的状态：常规(默认值)、最大化或最小化方式显示
StartPosition	窗体的起始位置，其属性值有以下几种选择： • Manual：窗体的位置和大小决定窗体的起始位置 • CenterScreen：屏幕的中央 • WindowsDefaultLocation：默认位置显示，尺寸由 Size 属性决定(默认值) • WindowDefaultBounds：默认位置显示，尺寸由系统决定 • CenterParent：在父窗体的中央显示

当用户操作窗体时会触发对应的事件。Windows 窗体常用的事件如表 3-2 所示。

表 3-2　Windows 窗体常用的事件

事　　件	功　能　说　明
Click	用户在窗体中的任意位置进行单击时触发该事件
Closed	关闭窗体时触发该事件
Deactivate	当窗体失去聚焦时触发该事件
Load	当窗体在内存中被加载时触发该事件

Windows 窗体的方法允许用户根据需要执行各种任务，如打开、激活或关闭窗体。其常用的方法如表 3-3 所示。

表 3-3　Form 窗体常用的方法

方　　法	功　能　说　明
Show()	显示窗体
Activate()	激活窗体，并将使窗体获得聚焦
Close()	关闭窗体
SetDesktopLocation()	设置窗体的桌面位置

【示例 3.1】 创建并运行一个窗体。

(1) 创建窗体。

如图 3-7 所示，右击项目→"添加"→"Windows 窗体"。

图 3-7　创建新窗体

如图 3-8 所示，在弹出的"添加新项"对话框中输入窗体名称"MyForm.cs"，单击"添加"按钮。

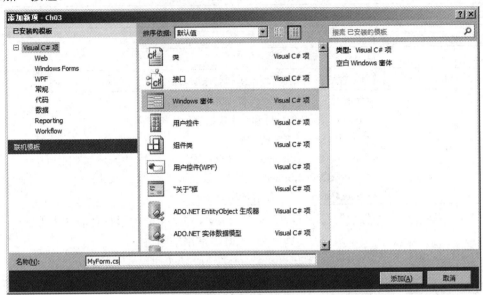

图 3-8 添加新窗体

如图 3-9 所示，项目中添加了一个名为"MyForm"的窗口。

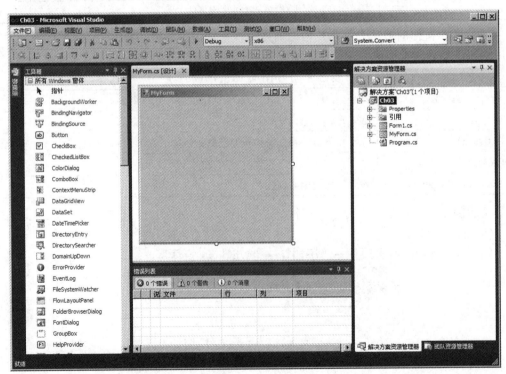

图 3-9 MyForm 窗口

如图 3-10 所示，单击 MyForm.cs 前面的"+"号会看到代码文件 MyForm.Designer.cs。

图 3-10　显示项目的所有文件

双击代码文件 MyForm.Designer.cs，其代码如下：

```csharp
partial class MyForm
{   /// <summary>
    /// Windows 窗体设计器所必须的
    /// </summary>
    private System.ComponentModel.IContainer components = null;

    /// <summary>
    /// 重写以清理组件列表
    /// </summary>
    /// <param name="disposing"></param>
    protected override void Dispose(bool disposing)
    {   if (disposing && (components != null))
        {
            components.Dispose();
        }
        base.Dispose(disposing);
    }
    #region Windows Form Designer generated code
    /// <summary>
    /// 注意:
    ///     Windows 窗体所必须的方法
    ///     不要使用代码编辑器修改它
    /// </summary>
    private void InitializeComponent()
    {   this.components = new System.ComponentModel.Container();
        this.AutoScaleMode = System.Windows.Forms.AutoScaleMode.Font;
        this.Text = "MyForm";
    }
    #endregion
}
```

窗体设计代码由 VS2010 根据界面设计自动生成，通常不需要使用代码编辑器修改，否则可能会导致窗体不能设计或显示，影响程序的正常运行。

(2) 修改窗体属性。

如图 3-11 所示，"属性"窗口分两列：左边显示属性名称，右边显示对应的属性值。

修改 MyForm 窗体的属性，使其相应的属性值如下：

- ◇ Name 属性：MyForm。
- ◇ Text 属性：我的窗口。
- ◇ Size 属性：200，100。
- ◇ StartPosition 属性：CenterScreen。

(3) 添加事件。

如图 3-12 所示，属性窗口不仅显示属性信息，当单击"事件列表"按钮时，此窗口会显示控件支持的事件。在 MyForm 窗口中添加"Load"事件有两种方式：

- ◇ 在设计窗口中，直接双击 MyForm 窗口。
- ◇ 在属性窗口中，先切换到事件列表，找到"Load"事件，再双击。

图 3-11 "属性"窗口

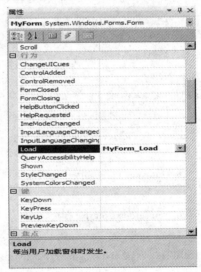

图 3-12 事件列表

编写事件处理代码，MyForm.cs 代码如下：

```
private void MyForm_Load(object sender, EventArgs e)
{
    MessageBox.Show("窗体加载");
}
```

上述代码中，MyForm_Load 是事件处理方法，其中使用 MessageBox.Show()函数显示一个对话框，用于提示信息。

(4) 运行。

在解决方案窗口中，双击 Program.cs 文件，如图 3-13 所示，修改 Application.Run()方法的参数为 new MyForm()。

```
static class Program
{
    /// <summary>
    /// 应用程序的主入口点。
    /// </summary>
    [STAThread]
    static void Main()
    {
        Application.EnableVisualStyles();
        Application.SetCompatibleTextRenderingDefault(false);
        Application.Run(new MyForm());
    }
}
```

图 3-13　设置项目的启动项

按下"F5"快捷键运行程序，先弹出如图 3-14 所示的对话框。

单击对话框中的"确定"按钮，会在屏幕中央显示如图 3-15 所示的窗口。

图 3-14　MyForm 程序运行时弹出的对话框

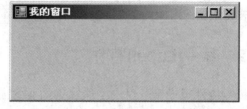

图 3-15　MyForm 窗体

3.3　常用控件

常用的控件有按钮、标签、文本框、列表框等，这些控件都继承自 System.Windows.Forms.Control 类，位于 System.Windows.Forms 命名空间中。Control 类是控件的基类，控件是具有可视形式的组件，其继承层次关系如图 3-16 所示。

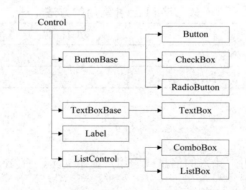

图 3-16　System.Windows.Forms 命名空间中控件继承层次

3.3.1　按钮(Button)控件

按钮控件提供了用户与应用程序交互的最简便方法，用户可以单击按钮来执行所需要的操作。其常用的属性如表 3-4 所示。

表 3-4 Button 常用的属性

属 性	功 能 说 明
Name	按钮的名称
Text	按钮的文本
TextAlign	按钮上文本的对齐方式
DialogResult	单击该按钮时返回给窗体的值，例如：None(缺省)、Yes、Cancle

按钮常用的事件如表 3-5 所示。

表 3-5 Button 常用的事件

事 件	功 能 说 明
Click	单击按钮时触发该事件

按钮主要的用途就是 Click 事件，在其 Click 事件中进行编码，实现特定的功能。

3.3.2 标签(Label)控件

标签控件用于显示用户不能编辑的文本或图像，该控件在界面中主要用于标注或说明。其常用的属性如表 3-6 所示。

表 3-6 Label 常用的属性

属 性	功 能 说 明
Name	标签的名称
Text	标签上显示的文本
Image	标签上显示图像

标签常用的方法如表 3-7 所示。

表 3-7 Label 常用的方法

方 法	功 能 说 明
Hide()	隐藏控件
Show()	显示控件

3.3.3 文本控件

文本控件用于接收用户输入的信息或向用户显示文本，有 TextBox 和 RichTextBox 两种控件，其主要区别如下：

- ✧ TextBox 接收的文本有长度限制，最长是 32 767 个字符。
- ✧ RichTextBox 最长可以接收 2 147 483 647 个字符，且比 TextBox 具有更高级的特性。

RichTextBox 不仅具有文本框的功能，还提供文字处理的功能，它能够混合不同的字体、尺寸和属性，甚至可以放置图片。由于 RichTextBox 控件相对 TextBox 控件要复杂得多，因此在理论篇重点介绍 TextBox 控件的使用，有关 RichTextBox 控件的使用参见本章知识拓展。

TextBox 常用的属性如表 3-8 所示。

表 3-8　TextBox 常用的属性

属　　性	功　能　说　明
Name	文本框的名称
Text	文本框中的文本内容
Multiline	是否是多行(当为 True 时允许多行文本，为 False 时是单行文本)
MaxLength	最大字符数
PasswordChar	密码符号，使用此符号显示用户输入的文本
UseSystemPasswordChar	是否使用系统密码符号
ReadOnly	是否只读(当为 True 时文本框中的文本只能读不能修改)
ScrollBars	是否显示滚动条(此属性必须在 Multiline 的值为 True 时才有效)

TextBox 常用的事件如表 3-9 所示。

表 3-9　TextBox 常用的事件

事　　件	功　能　说　明
TextChanged	当修改文本框中的文本内容时触发，此事件是文本框的默认事件
KeyPress	按一个键结束时触发

TextBox 常用的方法如表 3-10 所示。

表 3-10　TextBox 常用的方法

方　　法	功　能　说　明
AppendText()	追加文本，即在文本框内原有的文本末尾添加指定的文本
Clear()	清除文本
Copy()	拷贝文本框中的文本，并复制到剪贴板中
Cut()	剪切文本框中的文本，并放到剪贴板中
Paste()	将剪贴板中的文本粘贴到文本框中

【示例 3.2】　创建一个登录界面，登录信息有用户名和密码。当单击"登录"按钮时，验证用户名和密码不能为空，且密码长度在 6~10 位之间；当单击"取消"按钮时，清空文本框中的文本。

(1) 创建如图 3-17 所示设计登录界面。

图 3-17　登录界面

(2) 设置登录界面中的控件及属性，如表 3-11 所示。

表 3-11 登录界面控件及属性设置

Name	类型	Text	属性设置
LoginFrm	Form	登录	Size 设置成 300，200 StartPosition 设为 CenterScreen
Label1	Label	用户名	
Label2	Label	密码	
txtName	TextBox		
txtPwd	TextBox		UseSystemPasswordChar 设为 True
btnLogin	Button	登录	
btnCancle	Button	取消	

将文本框设置成密码框有两种方式：一种是将 PasswordChar 属性值设为 "*" 或其他密码符号；另一种是直接将 UseSystemPasswordChar 属性值设为 True。

在 btnLogin 按钮和 btnCancle 按钮上添加 Click 事件，Click 事件的处理过程代码如下：

```
public partial class LoginFrm
{
    public LoginFrm()
    {
        InitializeComponent();
    }

    public void btnLogin_Click(System.Object sender, System.EventArgs e)
    {
        string strName = txtName.Text;
        string strPwd = txtPwd.Text;

        if (string.IsNullOrEmpty(strName))
        {
            MessageBox.Show("用户名不能为空", "提示",
                MessageBoxButtons.OK, MessageBoxIcon.Information);
            txtName.Focus();
            return ;
        }

        if (string.IsNullOrEmpty(strPwd))
        {
            MessageBox.Show("密码不能为空", "提示",
                MessageBoxButtons.OK, MessageBoxIcon.Information);
            txtPwd.Focus();
            return ;
        }
```

```
        if (strPwd.Length < 6 | strPwd.Length > 10)
        {
            MessageBox.Show("密码长度在 6～10 位之间", "提示",
                MessageBoxButtons.OK, MessageBoxIcon.Information);
            txtPwd.Focus();
            return ;
        }
        MessageBox.Show("用户名："+strName+" 密码："+strPwd,"输入的信息",
            MessageBoxButtons.OK, MessageBoxIcon.Information);
    }

    public void btnCancel_Click(System.Object sender, System.EventArgs e)
    {
        txtName.Clear();
        txtPwd.Clear();
    }
}
```

上述代码中 btnLogin_Click()是"登录"按钮的处理过程，在此处理过程中先通过文本框的 Text 属性提取用户输入的用户名和密码，再进行判断。其中：

MessageBox.Show("用户名不能为空", "提示", MessageBoxButtons.OK,
　　MessageBoxIcon.Information);

用于显示一个对话框。MessageBox.Show()的第一个参数是对话框中显示的内容，第二个参数是对话框的标题，第三个参数是对话框中的按钮，第四个参数是图标。

运行程序，当输入的信息不符合要求时，会弹出图 3-18 中的相应提示对话框。

图 3-18　登录失败信息提示

当输入的信息符合要求时，会弹出如图 3-19 所示的提示信息。

图 3-19　登录成功信息提示

3.3.4　选择控件

.NET Framework 提供了可以供用户选择的多种控件，有 RadioButton、CheckBox、ListBox、CheckedListBox、ComboBox。

1. RadioButton

RadioButton 称为单选按钮控件,用于建立一系列选项供用户选择,但一次只能选择其中一项。单选按钮一般都是成组出现的。当用户选择一个组内的一个单选按钮时,此单选按钮会变成选中状态,而其他选项按钮自动变成未选中状态。其常用属性如表 3-12 所示。

表 3-12 RadioButton 常用的属性

属　性	功　能　说　明
Name	单选按钮名称
Text	单选按钮上显示的文本
Checked	取值为 True 或者 False,用于表示当前单选按钮是否被选定
AutoCheck	设为 True 时,单击控件时自动更改选中状态
Appearance	用于设置控件的外观,取值为 Normal(一般外观)或 Button(按钮外观)

RadioButton 常用的事件如表 3-13 所示。

表 3-13 RadioButton 常用的事件

事　件	功　能　说　明
CheckedChanged	该事件在单选按钮选择状态改变时触发

【示例 3.3】 使用单选按钮实现收入水平的选择功能。

首先在窗体上添加一个 Label 控件和 4 个 RadioButton 控件,窗体界面设计如图 3-20 所示。

图 3-20 RadioButtonDemo 窗体界面

当单击某个单选按钮后,弹出消息对话框显示用户做出的选择,此时需要使用 RadioButton 控件的 CheckedChanged 事件,该事件在单选按钮的选择状态改变时触发。

实现单选按钮的 CheckedChanged 事件过程,其源代码如下:

```
public partial class RadioButtonDemo
{
    public RadioButtonDemo()
    {
        InitializeComponent();
    }

    public void RadioButton1_CheckedChanged(System.Object sender, System.EventArgs e)
    {
```

```
            if (RadioButton1.Checked)
            {
                MessageBox.Show("您现在的收入水平为: " + RadioButton1.Text);
            }
        }

        public void RadioButton2_CheckedChanged(System.Object sender, System.EventArgs e)
        {
            if (RadioButton2.Checked)
            {
                MessageBox.Show("您现在的收入水平为: " + RadioButton2.Text);
            }
        }

        public void RadioButton3_CheckedChanged(System.Object sender, System.EventArgs e)
        {
            if (RadioButton3.Checked)
            {
                MessageBox.Show("您现在的收入水平为: " + RadioButton3.Text);
            }
        }

        public void RadioButton4_CheckedChanged(System.Object sender, System.EventArgs e)
        {
            if (RadioButton4.Checked)
            {
                MessageBox.Show("您现在的收入水平为: " + RadioButton4.Text);
            }
        }
}
```

运行结果如图 3-21 所示。

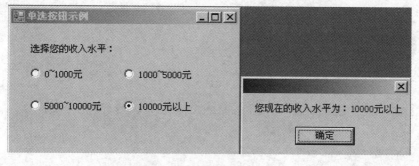

图 3-21　RadioButton 示例

2. CheckBox

CheckBox 称为复选框控件，也用于列举一系列选项供用户选择，用户一次可选择多项，多个复选框可以同时存在但互相独立。其常用的属性如表 3-14 所示。

表 3-14 CheckBox 常用的属性

属 性	功 能 说 明
Name	复选框名称
Text	复选框上显示的文本
Checked	取值为 True 或者 False，用于表示当前复选框是否被选定
AutoCheck	设为 True 时，单击控件时自动更改选中状态
Appearance	用于设置控件的外观，取值为 Normal(一般外观)或 Button(按钮外观)
CheckState	设置或获取当前复选框的状态： • Unchecked(未选中) • Checked(选中) • Indeterminate(不确定，此时复选框呈灰色)

CheckBox 常用的事件如表 3-15 所示。

表 3-15 CheckBox 常用的属性

事 件	功 能 说 明
CheckedChanged	该事件在复选框选择状态改变时触发

【示例 3.4】 使用复选框实现选择爱好的功能。在窗体上添加一个 Label 控件、6 个 CheckBox 控件和一个 Button 控件，窗体界面设计如图 3-22 所示。

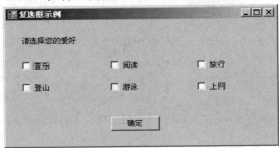

图 3-22 CheckBoxDemo 窗体界面

下面的代码是"确定"按钮的 Click 事件过程，显示用户的选择结果。

```
public partial class CheckBoxDemo
{
    public CheckBoxDemo()
    {
        InitializeComponent();
    }

    public void btnOK_Click(System.Object sender, System.EventArgs e)
    {
        string result = "您的爱好是：";
        int flag = 0;
```

```
            if (CheckBox1.Checked)
            {
                result += CheckBox1.Text + " ";
                flag++;
            }
            if (CheckBox2.Checked)
            {
                result += CheckBox2.Text + " ";
                flag++;
            }
            if (CheckBox3.Checked)
            {
                result += CheckBox3.Text + " ";
                flag++;
            }
            if (CheckBox4.Checked)
            {
                result += CheckBox4.Text + " ";
                flag++;
            }
            if (CheckBox5.Checked)
            {
                result += CheckBox5.Text + " ";
                flag++;
            }
            if (CheckBox6.Checked)
            {
                result += CheckBox6.Text + " ";
                flag++;
            }

            if (flag != 0)
            {
                MessageBox.Show(result);
            }
            else
            {
                MessageBox.Show("您什么爱好都没有吗？");
            }
        }
}
```

运行结果如图 3-23 所示。

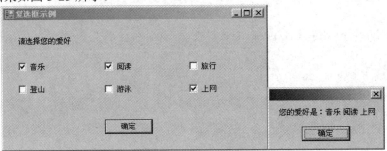

图 3-23 "复选框示例"对话框

3．ListBox

ListBox 称为列表框控件，它以列表的形式显示文本，并接受用户选择。该控件大多用于标准化数据的输入，数据通过选项的形式列举出来，以供用户选择。其常用属性如表 3-16 所示。

表 3-16 ListBox 常用的属性

属 性	功 能 说 明
Name	列表框名称
Items	列表中显示的选项。Itmes 是一个用于保存列表中选项的数组，可以通过下标来访问其中的项
SelectionMode	列表框的选择模式： ● One：单选模式(默认) ● None：不允许选择 ● MultiSimple：简单多选模式，用鼠标和空格键选择和释放 ● MultiExtended：扩展多选，用鼠标配合 Shift 和 Ctrl 键进行选择
Sorted	设置列表中选项是否进行排序(默认为 False，即按照加入列表的先后顺序排列；如果设为 True，则按照字母或数字升序排列)
SelectedIndex	返回被选中的选项的索引值。如果没有项被选中，则该属性值为 –1
SelectedItem	返回列表框中的选定项
SelectedItems	返回列表框中选定项的集合
SelectedIndices	返回列表框中选定项的索引值集合
Text	该属性在单选模式下表示被选中项的文本，在多选模式下指示最后一次选中项的文本。注意：该属性是只读属性，不能被修改

注 意　当 ListBox 的 SelectionMode 的属性值为 MultiSimple 或 MultiExtended 时，SelectedIndex 返回的是选中的最小索引，SelectedItem 返回的是选中的索引值最小的选项值。

ListBox 常用的事件如表 3-17 所示。

表 3-17 ListBox 常用的事件

事 件	功 能 说 明
SelectedIndexChanged	列表框中选择项发生变化时触发

ListBox 常用的方法如表 3-18 所示。

表 3-18 ListBox 常用的方法

方　法	功　能　说　明
Items.Add()	向列表框中的尾部插入一项
Items.Clear()	清除列表框中的所有项
Items.Remove()	删除列表框中指定的一项
Items.RemoveAt()	删除指定位置的列表项

【示例 3.5】 使用列表框实现让用户选择文化程度的功能。首先在窗体上添加一个 Label 控件、一个 ListBox 控件和一个 Button 控件，设置 ListBox 控件的 Items 属性，窗体界面设计如图 3-24 所示。

其中，可以在设计阶段直接在"属性"窗口设置 Items 属性。单击 Items 属性右侧的  按钮，即可打开"字符串集合编辑器"窗口，直接输入即可，每行代表一项，如图 3-25 所示。

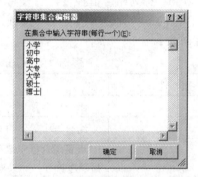

图 3-24 ListBoxDemo 窗口界面　　　　图 3-25 "字符串集合编辑器"窗口

 Items 本身也包含很多属性，如 Count 属性指示 Items 包含项的个数等。

下面的代码是"确定"按钮的 Click 事件过程，用于显示用户选择结果。

```
public partial class ListBoxDemo
{
    public ListBoxDemo()
    {
        InitializeComponent();
    }

    public void btnOK_Click(System.Object sender, System.EventArgs e)
    {
        MessageBox.Show(ListBox1.Items[ListBox1.SelectedIndex].ToString());
    }
}
```

上述代码中使用 ListBox 的 SelectedIndex 属性获取用户选中选项的索引，并根据索引获取 Items 中对应的选项值。也可以使用下面语句直接获取用户选中的选项值。

ListBox1.SelectedItem.toString()

4. CheckedListBox

CheckedListBox 称为复选列表框控件，如图 3-26 所示，该控件是列表框和复选框的组合体，其功能和用法与 ListBox 控件很类似，但有以下两点区别：

- ◇ 复选列表框中的每一项之前都显示一个复选框，如图 3-26 所示。
- ◇ 复选列表框的 SelectionMode 只能设置为 One，其他属性值无效。这意味着复选列表框不支持多项选择模式，一次只能选择一项。但是，可以通过选中其复选框来实现多项选择。

图 3-26 复选列表框

5. ComboBox

ComboBox 称为组合框控件，它是将文本框和列表框的功能结合在一起的控件。用户可以从组合框的下拉列表中选择一个选项，也可以在文本框中直接输入信息。其常用属性如表 3-19 所示。

表 3-19 ComboBox 常用的属性

属 性	功 能 说 明
Name	组合框名称
Items	组合框中显示的选项。Itmes 是一个用于保存选项的数组
Sorted	设置组合框中选项是否进行排序(默认为 False，即按照加入列表的先后顺序排列；如果设为 True，则按照字母或数字升序排列)
SelectedIndex	被选中的选项的索引值
SelectedItem	被选中的选项
DropDownStyle	组合框的三种不同样式：DropDown(默认值)、Simple 和 DropDownList
Text	组合框中选择的列表项或者输入的文本

ComboBox 的常用事件如表 3-20 所示。

表 3-20 ComboBox 常用的事件

事 件	功 能 说 明
SelectedIndexChanged	组合框中选择项发生变化时触发

ComboBox 的常用方法如表 3-21 所示。

表 3-21 ComboBox 常用的方法

方 法	功 能 说 明
Items.Add()	向组合框中的尾部插入一个选项
Items.Clear()	清除组合框中的所有选项
Items.Remove()	删除组合框中指定的选项
Items.RemoveAt()	删除组合框中指定位置的选项

【示例 3.6】 使用组合框实现省份和城市的联动效果。
首先创建窗体界面，如图 3-27 所示。

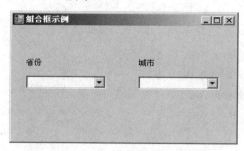

图 3-27 ComboBoxDemo 窗口界面

在此窗体上有两个组合框，分别命名为 cmbProvince(省份)和 cmbCity(城市)，在 cmbProvince 组合框中添加 Items 选项集合，如图 3-28 所示。

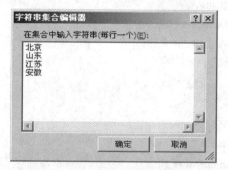

图 3-28 设置组合框中 Items 属性值

在 cmbProvince 组合框中添加 SelectedIndex 事件，代码如下：

```
public partial class ComboBox
{
        public ComboBox()
        {
                InitializeComponent();
        }
        public void cmbProvince_SelectedIndexChanged(System.Object sender, System.EventArgs e)
        {
                //清空城市组合框中的所有选项
                cmbCity.Items.Clear();
                //清空城市组合框的文本
                cmbCity.Text = "";
                //获取省份组合框中的选项
                string strPrvoince = System.Convert.ToString(
                        cmbProvince.SelectedItem.ToString().Trim();
                //判断省份，并添加城市组合中的选项

                if (strPrvoince == "北京")
                {
```

```
                cmbCity.Items.Add("北京");
        }
        else if (strPrvoince == "山东")
        {
                cmbCity.Items.Add("济南");
                cmbCity.Items.Add("青岛");
                cmbCity.Items.Add("烟台");
                cmbCity.Items.Add("威海");
        }
        else if (strPrvoince == "江苏")
        {
                cmbCity.Items.Add("南京");
                cmbCity.Items.Add("苏州");
                cmbCity.Items.Add("连云港");
                cmbCity.Items.Add("无锡");
        }
        else if (strPrvoince == "安徽")
        {
                cmbCity.Items.Add("合肥");
                cmbCity.Items.Add("蚌埠");
                cmbCity.Items.Add("芜湖");
                cmbCity.Items.Add("肥东");
        }
    }
}
```

运行结果如图 3-29 所示，当改变省份后，cmbCity 中的选项也改变。

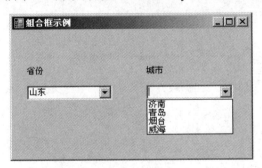

图 3-29　组合框联动运行结果

3.3.5　图片框(PictureBox)控件

PictureBox 称为图片框控件，用于在窗体上显示图像或者图形。其常用的属性如表 3-22 所示。

表 3-22 PictureBox 常用的属性

属 性	功 能 说 明
Name	图片框的名称
Image	指定在图片框中显示的图像，可以直接在属性窗口进行设置(支持本地资源和项目资源文件两种资源上下文)
ErrorImage	在图像加载失败时显示的图像，一般默认为红色的叉号
InitialImage	在加载图像时显示的图像。一般用于装载一幅较大图像时，由于加载需要一定的时间，可以将该属性设置为其缩略图，在加载的过程中显示
SizeMode	设置图像的显示方式，其取值如下： ● Normal：默认值。Image 置于 PictureBox 的左上角，凡是因过大而不适合 PictureBox 的任何图像部分都将被剪裁掉 ● StrechImage：拉伸或者收缩图像以适合 PictureBox 的大小 ● AutoSize：使控件调整大小，以便总是适合图像的大小 ● CenterImage：图像居于工作区的中心。如果 PictureBox 比图像大，则图像将居中显示；如果图像比 PictureBox 大，则图片将居于 PictureBox 中心，而外边缘将被剪裁掉 ● Zoom：图像大小按其原有的大小比例被增加或减小

【示例 3.7】 演示 PictureBox 控件的使用。

首先新建一个窗体，并在窗体上添加两个 PictureBox 控件，即 PictureBox1 和 PictureBox2。设置 PictureBox1 的 Image 属性：单击 Image 属性右边的 按钮，即可打开"选择资源"对话框，如图 3-30 所示。

选择"本地资源方式"单选按钮，单击"导入"按钮，显示"打开"对话框，如图 3-31 所示。

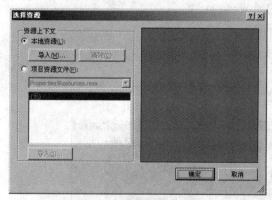

图 3-30 "选择资源"对话框   图 3-31 "打开"对话框

在"打开"窗口中选择要装载的图像，单击"打开"按钮，即可在"选择资源"窗口中看到以 Normal 模式显示的图像预览。单击"确定"按钮后，即可将这幅图像导入到 PictureBox1 控件，如图 3-32 所示。

此时，PictureBox1 控件中的图像是以 Normal 模式显示的，由于图像大小大于 PictureBox1 的大小，因此只显示了图像的左上角。如图 3-33 所示，设置 PictureBox1 的 SizeMode 属性为 StrechImage，从而使得图像适合 PictureBox 的大小。

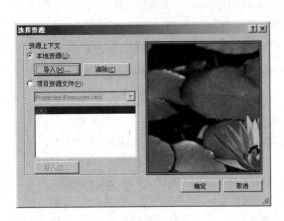
图 3-32　图像预览

图 3-33　设置 SizeMode 属性

以代码方式为 PictureBox2 装入图像，编写窗体的 Load 事件处理过程，代码如下：

```
public partial class PictureBoxDemo : Form
{
    public PictureBoxDemo()
    {
        InitializeComponent();
        this.Load += new EventHandler(PictureBoxDemo2_Load);
    }
    void PictureBoxDemo2_Load(object sender, EventArgs e)
    {   pictureBox2.Image = Image.FromFile("D:\\Images\\Winter.jpg");
        pictureBox2.SizeMode = PictureBoxSizeMode.Zoom;
        pictureBox2.BorderStyle = BorderStyle.Fixed3D;
    }
}
```

运行上述示例，其运行结果如图 3-34 所示。

图 3-34　PictureBoxDemo 运行结果

3.3.6 容器控件

.NET Framework 提供了多种容器控件：
- FlowLayoutPanel：流布局面板，使用流布局排列其组件。
- GroupBox：分组框，该控件周围显示一个带标题的框架。
- Panel：面板。
- SplitContainer：切分容器，将显示区域分成两个大小可调的面板。
- TabControl：选项卡控件，管理并显示包含其他控件的选项卡集合。
- TableLayoutPanel：表格布局面板，以表格的形式排列其组件。

图 3-35 容器选项卡

这些容器控件位于工具箱中的"容器"选项卡中，如图 3-35 所示。每个容器控件都具有各自的特性，此处重点强调 GroupBox 和 Panel 容器。

1. GroupBox

GroupBox 控件可以在窗体上显示包含一组控件的带或不带标题的分组框架，也可以使用 GroupBox 对窗体上的控件集合进行逻辑分组，其常用的属性如表 3-23 所示。

表 3-23 GroupBox 常用的属性

属 性	功 能 说 明
Name	分组框的名称
Text	分组框的标题

分组框主要用于对控件进行分组，即把指定的一组控件放到同一个分组框中。分组框的典型用途是包含 RadioButton 控件的逻辑组。当窗体上有多个单选按钮时，如果选择其中的一个，之前已经被选中的单选按钮会自动取消选择。如果需要在同一个窗体上建立几组互相独立的单选按钮，则必须使用分组框将单选按钮分组，使得位于同一个分组框中的单选按钮为一组，每个分组框内的单选按钮的操作不影响其他组的单选按钮。

【示例3.8】 演示使用分组框对单选按钮进行分组，实现一个投票选举的示例。

窗体界面设计如图 3-36 所示。

图 3-36 窗体界面设计

下面的代码定义了计数变量来记录每个候选人的得票数。

```
int numW, numL, numY, numZ, numC, numX;
```

下面编写"投票"和"查看结果"按钮的 Click 事件过程。查看每个单选按钮的状态，如果是选中状态，则将对应候选人的计数变量加 1，并提示用户已完成投票。

```
public void btnVote_Click(System.Object sender, System.EventArgs e)
{
    if (RadioButton1.Checked)
    {
        numW++;
    }

    if (RadioButton2.Checked)
    {
        numL++;
    }
    if (RadioButton3.Checked)
    {
        numY++;
    }
    if (RadioButton4.Checked)
    {
        numZ++;
    }
    if (RadioButton5.Checked)
    {
        numC++;
    }
    if (RadioButton6.Checked)
    {
        numX++;
    }
    MessageBox.Show("您的投票已完成，谢谢！");

}

public void btnResult_Click(System.Object sender, System.EventArgs e)
{
    string s = "";
    s += RadioButton1.Text + ":" + System.Convert.ToString(numW) + "\r\n" +
        RadioButton2.Text + ":" + System.Convert.ToString(numL) + "\r\n" +
```

```
        RadioButton3.Text + ":" + System.Convert.ToString(numY) + "\r\n"+
        RadioButton4.Text + ":" + System.Convert.ToString(numZ) + "\r\n" +
        RadioButton5.Text + ":" + System.Convert.ToString(numC) + "\r\n" +
        RadioButton6.Text + ":" + System.Convert.ToString(numX) + "\r\n";
    MessageBox.Show(s, "投票结果");
}
```

运行结果如图 3-37 所示。

图 3-37　运行结果

通过运行结果可以观察到两个分组框中的单选按钮是互相独立、互不影响的。

2．Panel

Panel 也是一个容器控件，除了可以用来包含其他控件，还可以用来组合控件。如果 Panel 控件的 Enabled 属性设置为 False，则会禁用包含在 Panel 中的所有控件。

默认情况下，Panel 控件在显示时没有任何边框。可以用 BorderStyle 属性提供标准或三维的边框，将面板区与窗体上的其他区域区分开。因为 Panel 控件派生于 ScrollableControl 类，所以可以用 AutoScroll 属性来启用 Panel 控件中的滚动条。如果 Panel 中包含的控件超出了 Panel 的边界，当 AutoScroll 属性设置为 True 时，则会自动显示滚动条，以此来显示 Panel 中的所有控件。

本 章 小 结

通过本章的学习，学生应该能够掌握：

- ◇ C# 的 Windows 窗体应用程序提供了 GUI 图形用户界面。
- ◇ Control 类是控件的基类，控件是具有可视形式的组件，都在 System.Windows.Forms 命名空间中。
- ◇ 控件一般具有 Name、Text、ForeColor、BackColor、Font、Size、Location、Visible、Enabled 等基本属性。
- ◇ 控件一般具有 Click、键盘事件、鼠标事件等基本事件。
- ◇ 窗体类是 System.Windows.Forms.Form，它是 Windows 程序设计中的最基本单元。
- ◇ 常用的控件有 Button、Label、文本控件、选择控件、容器控件等。

本 章 练 习

1. C# 窗体中提供的 Hide 方法的作用是_____。
    A. 销毁窗体对象
    B. 关闭窗体
    C. 将窗体极小化
    D. 隐藏窗体

2. 要使文本框能够多行显示，则应使_____属性设为 True。
    A. MultiLine
    B. MaxLength
    C. SelLength
    D. Locked

3. 如果要使命令按钮以图片形式显示，则应使_____属性装入图片。
    A. BackGroundImage
    B. Image
    C. ImageList
    D. ImageAlign

4. 图片框控件可显示图像，若想使图片框自动改变大小，以适应装入的图片，应修改 SizeMode 属性值为_____。
    A. Normal
    B. AutoSize
    C. StretchImage
    D. CenterImage

5. 要使文本框成为密码输入框，一般应修改文本框的_____属性。
    A. PasswordChar 属性和 MaxLength 属性，并且 MultiLine 属性值只能为 False。
    B. PasswordChar 属性和 MaxLength 属性，并且 Lines 属性值只能为 False。
    C. 只修改 PasswordChar 属性值就可以了，其他属性可以不修改。
    D. PasswordChar 属性和 MaxLength 属性，MultiLine 属性值可以为 True。

6. 向列表框中的最后添加一个新项目，正确的语句是_____。
    A. ListBox1.Items.Add ("How are You")
    B. ListBox1.Items.Insert ("How are You")
    C. ListBox1.Items.Add (2, "How are You")
    D. ListBox1.Items.Insert (2, "How are You")

7. 下面_____命名空间中的类型用于创建 Windows GUI 应用程序。
    A. System.Web.Services   C. System.Web.UI
    B. System.Windows.Forms   D. System.ServiceProcess

8. 窗体被装入时，会引发的事件是_____。

9. 计算出 2 + 4 + 6 + 8 + … + 1000 的总和，并在 TextBox1 文本框中显示。

第4章 界面设计

本章目标

- 了解界面设计风格
- 了解菜单的种类
- 掌握主菜单的创建和设置
- 掌握工具栏的创建和应用
- 掌握状态栏的使用
- 熟悉对话框的使用
- 熟悉 MDI 界面设计

4.1 界面设计概述

在设计 Windows 窗体应用程序的界面时，经常需要使用菜单栏、工具栏、状态栏等控件以方便用户操作，用户无需经过复杂的培训或者学习就能轻松地使用应用程序。另外，通常使用常见的设计风格，如图 4-1 所示的 Word 程序界面，包含标题栏、菜单栏、工具栏、工作区域和状态栏，是典型的 Windows 风格界面。

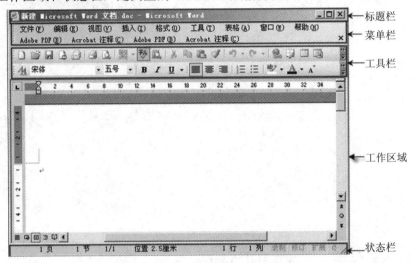

图 4-1 Windows 风格的应用程序界面

在 VS2010 中创建窗体时仅包含标题栏，要创建具有 Windows 风格的窗体，则需要自行添加菜单栏、工具栏和状态栏。工具箱中的"菜单和工具栏"选项卡下列出了这些控件，如图 4-2 所示。

图 4-2 工具箱中的"菜单和工具栏"选项卡

其中：
- ContextMenuStrip 是上下文菜单控件。
- MenuStrip 是菜单控件。
- StatusStrip 是状态栏控件。
- ToolStrip 是工具栏控件。

◇ ToolStripContainer 控件在窗体的四周提供面板，面板中可以包含一个或者多个 MenuStrip、ToolStrip 和 StatusStrip 控件。

4.2 菜单

菜单是 Windows 界面最常用、最典型的元素，几乎所有的操作都是通过菜单来进行的。菜单有两个基本作用：一是提供人机对话的界面，使得用户可以方便地使用应用程序提供的功能；二是管理应用程序，控制各种功能模块的运行。

在实际应用中，C#的菜单一般可以分为两种类型：

◇ 主菜单：又称为下拉式菜单，一般位于应用程序标题栏的下方，对应于 MenuStrip 控件。

◇ 上下文菜单：又称右键弹出式菜单或快捷菜单，一般当用户单击鼠标右键时，在鼠标所在位置弹出此菜单，对应于 ContextMenuStrip 控件。

4.2.1 主菜单

主菜单只能附加到窗体上，位于窗体标题栏的下方。主菜单包括两部分：一部分是主菜单行，这是菜单的常驻行，由若干个菜单标题组成；另一部分是下拉菜单区，这是临时打开区域，只有当用户选择了相应的主菜单项后才会打开，供用户进一步选择。下拉菜单区中的每一项称为菜单项，是一个菜单命令或者分隔条。分隔条可以对菜单项进行分组，将功能相近的菜单项放在一组，以方便用户查看和使用。

主菜单是通过工具箱中的 MenuStrip 控件来实现的。MenuStrip 控件是 Strip 控件的变体，而 Strip 控件是菜单、工具栏和状态栏的基础。在 MenuStrip 控件中每一个菜单选项都对应一个 ToolStripMenuItem 对象。使用 MenuStrip 控件和 ToolStripMenuItem 对象能够对程序菜单的结构和外观实现完全控制。

【示例 4.1】使用 MenuStrip 控件设计菜单。

(1) 在窗体中添加 MenuStrip 控件。

创建 Windows 窗体应用程序，将其命名为 ch04，新建 MenuDemo 窗体。展开工具箱中的"菜单和工具栏"选项卡，将 MenuStrip 控件拖拽到窗体中，MenuStrip 控件会自动添加到窗体上方，并在底部显示该控件的名称。将该控件的 name 属性修改为 MainMenu，则底部的控件显示也相应地变成 MainMenu，如图 4-3 所示。

(2) 编辑菜单。

在"请在此处键入"文本框中输入主菜单标题，即"文件"，如图 4-4 所示。其中小括号中的"F"表示热键，当程序运行时，按下"Alt + F"就

图 4-3 MenuStrip 控件

可以打开此菜单。

在"文件"主菜单标题的下方继续输入"新建(&N)",如图 4-5 所示。可以看到,在该菜单项的右侧会自动出现允许输入的文本框,如果该菜单项有子菜单,则可以继续输入,没有则直接跳过。

图 4-4　输入主菜单标题　　　　　　　图 4-5　编辑子菜单项

可通过编辑属性窗口中的"ShortcutKeys"属性,来设置菜单项的快捷键,如图 4-6 所示。

当菜单项的"ShowShortcutKeys"属性值为 True(默认值)时,此菜单后面将显示之前设置的快捷键,如图 4-7 所示。

图 4-6　设置菜单项的快捷键　　　　　图 4-7　显示菜单项快捷键

重复上述过程来设计"文件"菜单的其他菜单项,如图 4-8 所示。

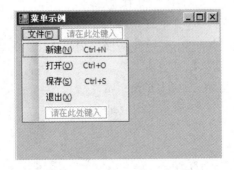

图 4-8　"文件"菜单

在窗体上选中需要添加分隔条的菜单项,右击菜单项→"插入"→"Separator",如图 4-9 所示。

在"文件"菜单中添加两个分隔条,对菜单项进行分组,如图4-10所示。

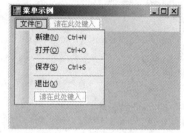

图4-9 添加分隔条　　　　　　　　图4-10 菜单中显示分隔条

MenuStrip 的"Items"属性是包含了主菜单标题项的集合。单击"Items"属性右边的按钮,可以在打开的"项集合编辑器"对话框中看到主菜单的标题,如图4-11(a)所示。在"项集合编辑器"对话框中可以进行标题项的添加、删除、位置设置及属性设置等操作。而标题项对象的"DropDownItems"属性是子菜单项的集合。单击"DropDownItems"属性右边的按钮,打开对应菜单项的"项集合编辑器"对话框,在此对话框中可以看到该菜单项的所有子菜单项,并可以对子菜单项进行添加、删除、位置设置及属性设置等操作,如图4-11(b)所示。

(a)

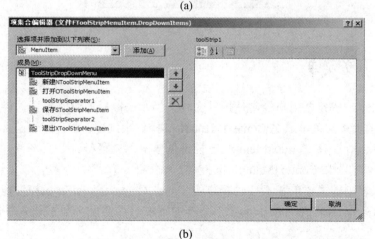

(b)

图4-11 菜单的"项集合编辑器"

(3) 添加菜单项的事件。

菜单设计好之后，还应该为菜单项编写相应的事件处理过程。与其他普通控件类似，在菜单项上双击鼠标之后，即可打开代码窗口，并自动添加该菜单项的 Click 事件过程。以"退出"菜单项为例，事件处理过程的代码如下：

```
public partial class MenuDemo
{
    public MenuDemo()
    {
        InitializeComponent();
    }
    private void miExit_Click(object sender, EventArgs e)
    {
        this.Close();
    }
}
```

上述代码中调用 this.Close()方法即可关闭窗体。

(4) 运行。

运行结果如图 4-12 所示，当操作"退出"菜单时，窗体会关闭，应用程序退出。

图 4-12　MenuDemo 运行结果

4.2.2　上下文菜单

上下文菜单一般包含用户经常使用的命令，当单击鼠标右键时打开，供用户选择所需功能。C# 中的上下文菜单通过 ContextMenuStrip 控件来创建。

【示例 4.2】　使用 ContextMenuStrip 控件创建上下文菜单。

(1) 在窗体中添加 ContextMenuStrip 控件。

展开工具箱中的"菜单和工具栏"选项卡，将 ContextMenuStrip 控件拖拽到窗体中，ContextMenuStrip 控件会自动出现在主菜单的下方，并在底部显示该控件的名称，如图 4-13 所示。

(2) 编辑上下文菜单项。

上下文菜单的设计界面与主菜单完全一致，使用同样的方法为上下文菜单添加菜单项。设计好的上下文菜单如图 4-14 所示。

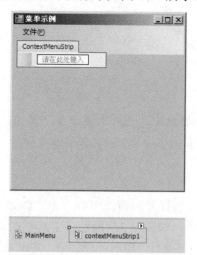

图 4-13 ContextMenuStrip 控件

图 4-14 编辑上下文菜单项

(3) 指定上下文菜单的关联控件。

上下文菜单通常是用户在某个控件上单击右键时才会出现。如果想要在某个可视控件上右击时打开上下文菜单，就需要设置其 ContextMenuStrip 属性，将某个上下文菜单与该控件关联起来。因此在设计好上下文菜单之后，还需要为上下文菜单指定关联控件。在窗体对象的属性窗口中将"ContextMenuStrip"属性值设为上下文菜单对象 ContextMenuStrip1，如图 4-15 所示。

 注意　许多控件都具有 ContextMenuStrip 属性，该属性用于绑定 ContextMenuStrip 类的对象以显示上下文菜单。多个控件可以共用一个 ContextMenuStrip 对象。

(4) 运行。

运行结果如图 4-16 所示，在窗体中任意位置右击鼠标，会在光标所在位置显示上下文菜单。

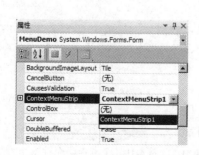

图 4-15 控件的"ContextMenuStrip"属性

图 4-16 上下文菜单运行结果

4.3 工具栏

工具栏将常用的功能和命令用图标按钮的形式组合到一起，是应用程序窗口环境中常用的控件。C# 中可以使用 ToolStrip 控件创建工具栏。

【示例 4.3】 使用 ToolStrip 控件创建工具栏。

(1) 在窗体中添加 ToolStrip 控件。

创建 ToolStripDemo 窗体，展开工具箱中的"菜单和工具栏"选项卡，将 ToolStrip 控件拖拽到窗体中，ToolStrip 控件会自动添加到窗体上方，并在底部显示该控件的名称，如图 4-17 所示。

(2) 设置工具栏在窗体上的停靠位置。

单击 ToolStrip 控件右侧的三角按钮，可以看到打开的窗口中有一个"Dock"属性。"Dock"属性用于定义工具栏在窗体上的停靠位置，如图 4-18 所示。工具栏在窗体上的停靠位置有六种：Top(顶部)、Left(左边)、Right(右边)、Bottom(底部)、Fill(填充)以及 None(无)。常用的停靠位置是 Top 和 None。使用 None，可以拖动工具栏到相应位置，例如：放到菜单栏的下方。

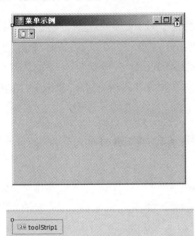

图 4-17 ToolStrip 控件

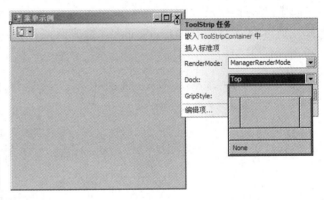

图 4-18 设置"Dock"属性

(3) 在工具栏中添加图标按钮。

单击工具栏上的下拉按钮，可以看到在工具栏中允许添加的控件包括 Button(按钮)、Label(标签)、SplitButton(分离按钮)、DropDownButton(下拉按钮)、Separator(分隔线)、ComboBox(组合框)、TextBox(文本框)和 ProgressBar(进度条)，如图 4-19 所示。

单击"Button"，添加一个工具栏按钮，在工具栏中则会出现一个 图标。添加的每个工具栏按钮都对应一个 ToolStripButton 对象。其中 ToolStripButton

图 4-19 工具栏中允许添加的控件

的常用属性如表 4-1 所示。

表 4-1 ToolStripButton 的常用属性

属　　性	功　能　说　明
Name	工具栏按钮对象的名称
Image	按钮上显示的图片
Text	按钮上显示的文本，仅在 DisplayStyle 属性值为 Text 或 ImageAndText 时才显示
DisplayStyle	显示的样式，共有四种：None、Image、Text、ImageAndText
TextImageRelation	指示显示图片和文本的相对位置
ToolTipTex	鼠标指向该按钮时显示的提示文本。一般在设置了 Text 属性后，ToolTipText 属性自动修改为与 Text 属性相同

按照上述方式可在工具栏中添加其他类型按钮并设置其属性，如图 4-20 所示。

(4) 添加工具栏按钮的事件。

双击工具栏中的按钮，添加相应的事件处理过程。以"新建"按钮为例，代码如下：

图 4-20 工具栏按钮

```
public partial class ToolStripDemo
{
    public ToolStripDemo()
    {
        InitializeComponent();
    }
    public void ToolStripButton1_Click(System.Object sender, System.EventArgs e)
    {
        MessageBox.Show("您点击了新建按钮");
    }
}
```

(5) 运行。

当鼠标移动到工具栏按钮时会出现相应的提示文本，单击"新建"按钮时会弹出对话框。运行结果如图 4-21 所示。

图 4-21 工具栏运行结果

4.4 状态栏

状态栏通常用于显示应用程序当前运行的状态，如 Word 中的状态栏会显示当前页面、总页数、字数、版式等信息。C# 中使用 StatusStrip 控件创建状态栏。在 StatusStrip 控件中可以显示查看对象的相关信息、对象的组件或与该对象在应用程序中的操作相关的上下文等信息。通常，StatusStrip 控件由 ToolStripStatusLabel 对象组成，每个这样的对象都可以显示文本、图标或同时显示这二者。StatusStrip 还可以包含 ToolStripDrop DownButton、ToolStripSplitButton 和 ToolStripProgressBar 控件。

【示例 4.4】 使用 StatusStrip 控件创建状态栏。

（1）在窗体中添加 StatusStrip 控件。

创建 StatusStripDemo 窗体，展开工具箱中的"菜单和工具栏"选项卡，将 StatusStrip 控件拖拽到窗体中，StatusStrip 控件会自动添加到窗体的下方，并在底部显示该控件的名称，如图 4-22 所示。

（2）在状态栏中添加状态标签。

单击状态栏上的下拉按钮，如图 4-23 所示，可以看到允许在状态栏上添加的图标包括 StatusLabel(状态标签)、ProgressBar(进度条)、DropDownButton(下拉按钮)和 SplitButton(分离按钮)。

选择"StatusLabel"，则在状态栏中添加了一个状态标签，如图 4-24 所示。至此，一个简单的状态栏就完成了。

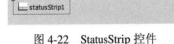

图 4-22　StatusStrip 控件　　　图 4-23　状态栏允许添加的控件　　　图 4-24　状态标签

（3）添加事件。

在窗体上添加 Load 事件，代码如下：

```
public partial class StatusStripDemo
{
    public StatusStripDemo()
```

```
        {
                InitializeComponent();
        }

        public void StatusStripDemo_Load(System.Object sender, System.EventArgs e)
        {
                ToolStripStatusLabel1.Text = "窗体加载";
        }
}
```

上述代码中，在窗体的 Load 事件处理过程中是状态栏显示"窗体加载"提示。
(4) 运行。

运行结果如图 4-25 所示，在状态栏中显示了"窗体加载"的信息。

图 4-25 状态栏运行结果

4.5 对话框

对话框是特殊类型的窗体，功能有一定的限制，用于提示用户相关信息或输入数据。对话框中可以包含多个控件，比如标签、文本框、按钮等。通常在对话框中不会放置太多控件和实现太多功能，这种情况下可以直接使用窗体。

窗体与对话框的区别之一是：窗体能够彼此交互，即两个同时处于打开的窗体相互之间可以进行切换；对话框是模式状态的，当显示对话框时，窗口就会失去焦点，只有单击对话框中的"确定"或"取消"按钮，窗口才会重新获得焦点。

C# 中常用的对话框有以下几种：

- ◇ 消息对话框：使用 MessageBox.Show()函数可以显示消息对话框。
- ◇ 通用对话框：通用对话框提供了完成 Windows 应用程序一些常见操作的功能，其中包括颜色对话框、文件夹浏览对话框、字体对话框、打开文件对话框和保存文件对话框。

本节重点讲述通用对话框。

通用对话框提供完成 Windows 应用程序一些常见操作的功能，有助于提供一致的用户体验。

.NET Framework 中提供的通用对话框有以下几种：
- ColorDialog：颜色对话框。
- FolderBrowserDialog：文件夹浏览对话框。
- FontDialog：字体对话框。
- OpenFileDialog：打开文件对话框。
- SaveFileDialog：保存文件对话框。

图 4-26 "对话框"选项卡

这些通用对话框都在工具箱的"对话框"选项卡中，如图 4-26 所示。

使用这些通用对话框的方式相同，都需要将其添加到窗体，并在代码中通过使用 ShowDialog()方法来显示，并且都可以通过 ShowDialog()方法的返回值来确定用户按下了哪个按钮。

【示例 4.5】 通用对话框的使用。

创建 DialogDemo 窗体，在窗体上添加 2 个 Button 控件、1 个 TextBox 控件、1 个 ColorDialog 控件和 1 个 FontDialog 控件。当将工具箱中的对话框拖拽到窗体中时，对话框控件会在底部显示，如图 4-27 所示。

给"颜色"和"字体"按钮添加事件处理过程，代码如下：

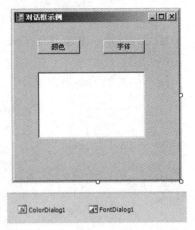

图 4-27 RadioButtonDemo 窗体界面

```
public partial class DialogDemo
{
    public DialogDemo()
    {
        InitializeComponent();
    }
    //颜色按钮事件处理过程
    public void btnColor_Click(System.Object sender,System.EventArgs e)
    {
        if (ColorDialog1.ShowDialog() == DialogResult.OK)
        {
            TextBox1.ForeColor = ColorDialog1.Color;
        }
    }
    //字体按钮事件处理过程
    public void btnFont_Click(System.Object sender, System.EventArgs e)
    {
        if (FontDialog1.ShowDialog() == DialogResult.OK)
        {
            TextBox1.Font = FontDialog1.Font;
        }
    }
}
```

上述代码中,通过调用对话框控件对象的 ShowDialog()方法来显示相应的对话框,该方法的返回值是 DialogResult 枚举类型,如表 4-2 所示。

表 4-2   DialogResult 枚举

值	功 能 说 明
Abort	单击"放弃"按钮
Cancel	单击"取消"按钮
Ignore	单击"忽略"按钮
No	单击"否"按钮
None	表示对话框还没有被关闭
OK	单击"确定"按钮
Retry	单击"重试"按钮
Yes	单击"是"按钮

运行程序,当单击"颜色"按钮时,会弹出"颜色"对话框,如图 4-28 所示。在"颜色"对话框中选择需要的颜色,再单击"确定"按钮。

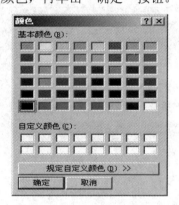

图 4-28   "颜色"对话框

当单击"字体"按钮时,会弹出"字体"对话框,如图 4-29 所示。在"字体"对话框中选择需要的字体、字形、大小以及效果,再单击"确定"按钮。

设置完颜色和字体后,文本框中的文字会相应改变,如图 4-30 所示。

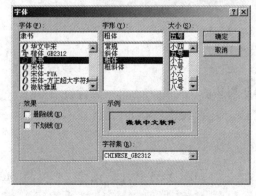 

图 4-29   "字体"对话框   图 4-30   运行结果

文件打开、保存对话框将在后续文件操作章节中进行介绍。

4.6 MDI 界面设计

一般情况下，编写 Windows 应用程序有如下两种方式：
- ◆ SDI：单一文档界面应用程序，此应用程序给用户显示一个窗口、一个菜单、一个或多个工具栏来完成任务。如果需要创建新的任务，则需要再打开应用程序。
- ◆ MDI：多文档界面应用程序，可以在同一任务窗口中打开多个任务。

C# 中提供了对 MDI(Multiple Document Interface)的支持。在 MDI 应用程序中，每一个新窗口(称为"子窗体")都出现在"父窗体"之内。如图 4-31 所示，所有新建的子窗体都在父窗体之内，父窗体框架之外无法显示。

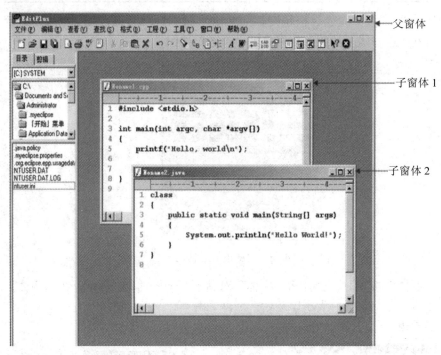

图 4-31 MDI 窗体

【示例 4.6】 MDI 应用程序的设计及使用。

(1) 创建父窗体。

创建一个名为 MdiFather 的窗体，将此窗体的 IsMdiContainer 属性设为 True，窗体的背景颜色就会随之改变成深灰色。在此窗体中添加一个"文件"菜单及其下拉菜单选项，如图 4-32 所示。

(2) 创建子窗体。

MDI 子窗体的设计与普通窗体没什么区别。如图 4-33 所示，创建一个名为 MdiChild 的子窗口，并在此窗口中添加一个文本框，设置此文本框使之与窗体大小相应。

第 4 章 界面设计

图 4-32 MDI 父窗体设计

图 4-33 子窗体设计

(3) 添加事件处理过程。

给 MdiFather 父窗体的"新建"菜单项添加事件处理过程,代码如下:

```
public partial class MdiFather : Form
{    public MdiFather()
    {
        InitializeComponent();
    }
    private void miNew_Click(object sender, EventArgs e)
    {   MdiChild mc = new MdiChild();
        mc.MdiParent = this;
        mc.Show();
    }
}
```

上述代码在"新建"菜单的事件处理过程中,设置 mc 窗体的 MdiParent 属性为 this(当前类的对象,在此应用程序中 this 指代 MdiFather),再调用 mc 窗体的 Show()方法将窗体显示出来。

(4) 运行。

运行程序,并单击父窗体中的"新建"菜单项,运行结果如图 4-34 所示。

创建 MDI 应用程序时,主要注意两点:

- 将父窗体的 IsMdiContainer 属性值设置为 True。
- 将子窗体的 MdiParent 属性值设置为父窗体。

图 4-34 MDI 运行结果

本 章 小 结

通过本章的学习,学生应该能够掌握:

- Windows 窗体应用程序在界面设计时经常需要使用菜单栏、工具栏、状态栏等工具。

- ✧ 菜单分为两种类型：主菜单和上下文菜单。
- ✧ 主菜单使用 MenuStrip 控件。
- ✧ 上下文菜单使用 ContextMenuStrip 控件。
- ✧ ToolStrip 控件用于创建工具栏。
- ✧ StatusStrip 控件用于创建状态栏。
- ✧ MessageBox.Show()函数可以显示消息对话框。
- ✧ 通用对话框包括：ColorDialog(颜色对话框)、FolderBrowserDialog(文件夹浏览对话框)、FontDialog(字体对话框)、OpenFileDialog(打开文件对话框)、SaveFileDialog(保存文件对话框)。
- ✧ MDI 多文档界面应用程序可以在同一任务窗口中打开多个任务。

本 章 练 习

1. 菜单的_____属性用于设置菜单的快捷键。
   - A. 在 Text 属性中使用"&"符号
   - B. Keys
   - C. ShortcutKeys
   - D. ShowShortcutKeys
2. 下面_____控件是用于创建上下文菜单的。
   - A. MenuStrip
   - B. ContextMenuStrip
   - C. ContainerMenuStrip
   - D. ToolStrip
3. 一个窗体有菜单栏和工具栏，现需要将工具栏放到菜单栏的下方，应将菜单栏的 Dock 属性值设置为_____。
   - A. Top
   - B. Bottom
   - C. Fill
   - D. None
4. 下面_____控件可用于创建颜色对话框。
   - A. ColorDialog
   - B. FontDialog
   - C. OpenFileDialog
   - D. SaveFileDialog
5. 将一个窗体变为 MDI 父窗体，应将_____属性值设置为 True。
6. _____方法用于显示对话框。
7. 简述如何实现 MDI 界面设计。
8. 创建一个 MDI 父窗体，该窗体中有菜单栏和工具栏。

第 5 章　面向对象程序设计

📖 本章目标

- 了解面向对象的编程思想
- 了解类和对象的关系
- 掌握 C# 中面向对象的实现方式
- 掌握创建类的步骤
- 掌握类的实例化
- 掌握继承和多态
- 掌握 this、base 关键字的使用

5.1 C#中的面向对象

C#是一个真正成熟的面向对象的语言，它支持面向对象编程的三种重要特性：封装、继承和多态。

面向对象的程序设计就是以"类"的概念去认识问题、分析问题，从而建立所要操作的对象以及它们之间的联系。

1. 类

类是具有相同属性和行为的所有实体在概念上的描述，其定义了该类的所有实例使用的属性和行为。属性用于体现类的数据，而行为则体现类的相关操作；类的属性决定类的行为，行为则可以改变属性。类主要有两个作用：

- ◆ 类作为对象的描述机制，刻画一组对象的公共属性和行为。
- ◆ 类作为程序的基本单位，支持模块化设计的设施。

2. 对象

对象是类的实例，是属性(数据)和行为(操作)的封装体，一个类的所有对象具有各自的属性的拷贝并且共享一个公用行为集合。

在软件开发过程中，使用类和对象具有很多优点，其中最重要的是：

- ◆ 通过模块化来维护代码。
- ◆ 代码对最终用户封装了内部的复杂性。
- ◆ 跨应用程序重用代码。
- ◆ 支持单一接口实现多个方法。

3. 继承

继承是一种在一个类的基础上建立一个新类的技术。新类自动继承旧类的属性和行为，并可具备某些附加的特征或某些限制。新类称作旧类的子类，旧类称作新类的父类。

继承能有效地支持软件构件的重用，使得当需要在系统中增加新的特征时，只需在原来的基础上增加少量代码即可完成，并且当继承和多态结合使用时，为修改系统所需变动的代码量最少。继承机制的强有力之处还在于，允许程序设计人员可重用一个未必完全符合要求的类，允许对该类进行修改而不至于在使用该类的其他部分引起有害的副作用。

4. 多态

多态性是指在父类中定义的属性或方法被子类继承之后，可以具有不同的表现行为。这使得同一个属性或方法在父类及其各个子类中具有不同的语义。多态的引入大大提高了程序的抽象程度和简洁性，更重要的是它最大限度地降低了类和程序模块之间的耦合性，提高了类模块的封闭性，使得它们不需了解对方的具体细节，就可以很好地共同工作。这个优点对程序的设计、开发和维护都有很大的好处。

C#应用程序中可以使用 .NET Framework 提供的一些预定义的类。例如：Windows 应用程序中的窗体继承自 System.Windows.Forms.Form 类，工具箱中所提供的控件都是预定义好的类。实际上，.NET Framework 由数千个类组成，能够访问操作系统的全部功能，可以直接使用这些类或继承、扩展这些类，以实现所需要的功能。

5.2 类和对象

在面向对象程序设计语言中，程序由一个或多个类组成。在程序运行过程中，根据需要创建的类的对象，即是实例。因此，类是静态概念，对象是动态概念。类是对象之上的抽象，对象则是类的具体化，是类的实例。

5.2.1 类

C# 中定义类的格式如下：

```
访问修饰符 class 类名
{
    类体
}
```

其中，类的"访问修饰符"主要有两种：internal 和 public，默认为 internal。"class"是用于声明类的关键字，在类体中可以定义字段、属性、方法和事件。

- 字段(field)和属性(property)都是类用于保存数据的成员。不同之处在于，字段只是类的简单变量，而属性可以使用属性过程控制如何设置或返回值。
- 方法(method)也称作行为(behavior)，表示定义于类上的某一特定操作，类中的方法表达了该类对象的动态性质。
- 事件(event)是指发生的事情。对象可以响应外部发生的某些事件，以启动某些处理过程。事件驱动的应用程序是指程序的执行流程是由外部发生的事件来决定的程序。

C# 中类名的定义需要遵循一定的命名规则，一般采用名词且首字母大写。如果类名由多个词组成，则每一个词的首字母都应该大写。

【示例 5.1】创建一个 Employee 类，该类的属性有姓名、年龄、性别和工资，并提供输出信息的方法。

(1) 添加类。

创建窗体应用程序 ch05，在解决方案窗口中，右击项目→"添加"→"类"，如图 5-1 所示。

如图 5-2 所示，弹出"添加新项"窗口，在"名称"文本框中输入"Employee.cs"，单击"添加"按钮。

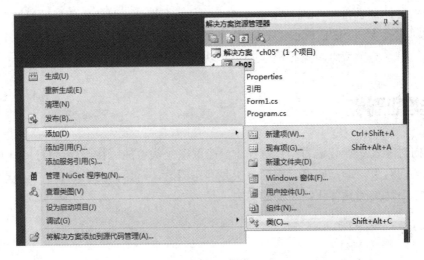

图 5-1 添加类

图 5-2 添加类 Employee

编译器将自动生成空类的代码，如下所示，类名默认与类文件名称相同。

```
class Employee
{
}
```

其中，类的默认访问修饰符是 internal，表示该类的访问权限属于命名空间下的，可以修改访问修饰符；Employee 是类的名称，通常选择有意义的能够说明类功能的名称。

(2) 添加属性。

类中的属性由两个部分组成：

- ◆ 存储属性值的私有字段。
- ◆ 属性过程。属性过程中包括 Get 和 Set 两个子过程。Get 过程用于获取属性值；Set 过程用于设置属性值。

示例：

```csharp
//私有字段
private string name;
//属性
/// <summary>
/// 姓名
/// </summary>
public string Name
{
    get
    {
        return name;
    }
    set
    {
        name = value;
    }
}
```

下述代码是添加员工的姓名、年龄、性别、工资等属性信息后的 Employee 类。

```csharp
public class Employee
{   //私有字段
    private string name;
    private int age;
    private string sex;
    private double salary;
    //属性
    /// <summary>
    /// 姓名
    /// </summary>
    public string Name
    {   get
        {
            return name;
        }
        set
        {
            name = value;
        }
    }
    /// <summary>
    /// 年龄
```

```csharp
        /// </summary>
        public int Age
        {
            get
            {
                return age;
            }
            set
            {
                age = value;
            }
        }
        /// <summary>
        /// 性别
        /// </summary>
        public string Sex
        {
            get
            {
                return sex;
            }
            set
            {
                sex = value;
            }
        }
        /// <summary>
        /// 工资
        /// </summary>
        public double Salary
        {
            get
            {
                return salary;
            }
            set
            {
                salary = value;
            }
        }
}
```

(3) 添加构造函数。

类的构造函数用于创建类的实例,完成实例被创建时需要的初始化操作。

在 Employee 类中添加一个不带参数的构造函数和一个带参数的构造函数,用于对类内所有变量初始化。代码如下:

```csharp
//不带参数的构造函数
public Employee()
{
    Name = "";
    Age = 0;
    Sex = "";
    Salary = 0;
}
//带参数的构造函数
public Employee(string n, int a, string s, double sal)
{
    Name = n;
    Age = a;
    Sex = s;
    Salary = sal;
}
```

一个类可以提供多个构造函数,在调用时根据传入的参数来确定使用哪个构造函数。

(4) 添加方法。

在 Employee 类中添加了一个名为 Display 的方法:

```csharp
//方法
public void Display()
{
    string msg = "姓名: " + Name + "\n 年龄: " + Age +
        "\n 性别: " + Sex +
        "\n 工资: " + Salary;
    MessageBox.Show(msg, "员工信息", MessageBoxButtons.OK,   MessageBoxIcon.Information);
}
```

上述代码中,Display()方法使用消息对话框输出员工的所有属性信息。其中,首先将各属性连接到一个字符串"msg"中,在该字符串中使用了"\n"代表回车换行符。

5.2.2 对象

在 C# 中使用 New 关键字来创建一个类的对象,即对类进行实例化。

示例:

```csharp
Employee objEm1;
Employee objEm2 = new Employee();
```

第 1 行代码声明了一个 Employee 类型的变量 objEm1，但并没有为该变量赋值，因此在将对象赋给该变量之前，该变量取值为 null；第 2 行代码在声明变量的同时，使用 new 关键字调用 Employee 类的无参构造方法创建了一个实例，并赋给了变量 objEm2，此时变量 objEm2 的值是 Employee 类的对象。

 null 是一个指向空引用(空地址)的关键字，未实例化的对象都为 null，它与双引号""是有区别的。

【示例 5.2】 创建一个窗体，接收员工的信息，并封装到 Employee 类的对象中，再调用 Employee 类的 Display()方法进行输出。

首先创建"添加员工信息"窗口，如图 5-3 所示。

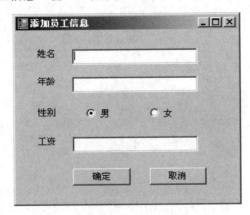

图 5-3 "添加员工信息"窗口

设置"添加员工信息"窗口界面中的控件及属性，如表 5-1 所示。

表 5-1 登录界面控件及属性设置

Name	类　　型	Text	属 性 设 置
AddEmpFrm	From	添加员工信息	StartPosition 设为 CenterScreen
Label1	Label	姓名	
Label2	Label	年龄	
Label3	Label	性别	
Label4	Label	工资	
txtName	TextBox		
txtAge	TextBox		
rbMale	RadioButton	男	Checked 设为 True
rbFeMale	RadioButton	女	
txtSal	TextBox		
btnOk	Button	确定	
btnCancle	Button	取消	

为"确定"和"取消"按钮添加事件处理过程，代码如下：

```csharp
public partial class AddEmpFrm
{
    public AddEmpFrm()
    {
        InitializeComponent();
    }
    public void btnOk_Click(System.Object sender, System.EventArgs e)
    {
        string strName = txtName.Text;
        string strAge = txtAge.Text;
        string strSal = txtSal.Text;
        string strSex = "男";
        if (rbFemale.Checked)
        {
            strSex = "女";
        }
        Employee emp = new Employee(strName, Convert.ToInt32(strAge), strSex,
                    Convert.ToDouble(strSal));
        emp.Display();
    }
    public void btnCancel_Click(System.Object sender, System.EventArgs e)
    {
        txtName.Text = "";
        txtAge.Text = "";
        txtSal.Text = "";
        rbMale.Checked = true;
    }
}
```

上述代码中，btnOk_Click()是"确定"按钮的事件处理过程，在此过程中先获取用户输入的信息值，再实例化 Employee 类的一个对象，并将获取的值作为构造函数的参数，最后调用 emp 对象的 Display()方法显示信息。

运行应用程序，结果如图 5-4 所示。

当单击"取消"按钮时，用户输入的信息会被清空。

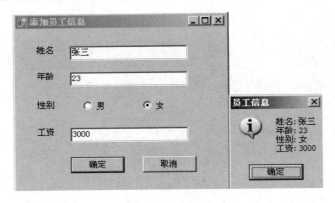

图 5-4 运行结果

5.3 继承

通过继承，可以直接基于现有的类创建新类。现有的类称为基类，也可以称为父类、超类。新创建的类称为派生类，也可以称为子类。派生类可以继承基类中的属性、方法、事件，并且可以对基类进行扩展。

例如，需要设计一个描述教师的类。教师分为教授(Professor)、讲师(Docent)、助教(Assistant)，所有的教师都拥有类似的属性和方法，如姓名、出生年月、籍贯，但对于每种具体类型的教师，需要描述的信息各不相同。例如，Professor 应当有聘任日期、薪金等属性，而 Assistant 可能需要有毕业时间、辅导课程等。如果为教授、讲师和助教各自单独定义一个类，那么其中的姓名、出生年月、籍贯等代码都是重复的。可以将这些每个教师都需要的属性提取出来，定义一个 Teacher 类，作为其他具体类型的教师类的基类。其中，Professor、Docent 和 Assistant 类从 Teacher 类派生。该继承关系的 UML 图如图 5-5 所示。

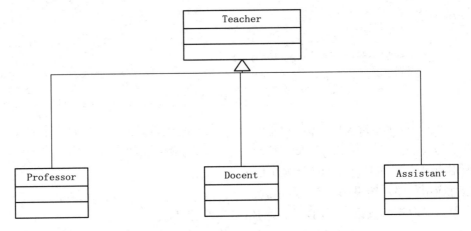

图 5-5 继承关系的 UML 图(三角形代表继承的 UML 符号)

现实中的许多实体具有分类的层次结构，因此都可以使用类的继承来构建反映。

C# 中，一个基类可以有一个或者多个派生类，而派生类又可以作为其他类的基类；一个派生类只能有一个基类。

C# 中继承的语法格式如下：

```
class 子类名:父类名
{
    子类新定义成员
}
```

示例：

```
//父类
class Class1
{
    public void Method1()
    {
        MessageBox.Show("This is a method in the base class. ");
    }
    public void Method2()
    {
        MessageBox.Show("This is another method in the base class. ");
    }
}
//子类
class Class2:Class1
{
    public void Method2()
    {
        MessageBox.Show("This is a method in derived calss. ");
    }
}
```

上述代码中，Class1 是父类，Class2 是其子类。Class2 继承了 Class1 中的所有方法，当创建 Class2 的实例时，其实例可以调用 Class1 中提供的 Method1() 和 Method2() 方法。

5.4 多态

支持多态是面向对象编程语言的重要特征，类的多态性提高了程序的灵活性和实用性。在 C# 中，可以通过重载、重写来体现多态。

5.4.1 重载

重载是指同一个类中存在名称相同但是参数列表不同的多个方法。

示例：

```
class DisplayData
{
    public void Display(char theChar)
    {
    }
    public void Display(int theInt)
    {
    }
    public void Display(double theDouble)
    {
    }
}
```

上述 DisplayData 类中使用重载定义了三个 Display()方法，三个方法的参数不同，以此实现对多种数据类型的输出。

在调用时，根据传入参数的不同就可以确定具体调用哪一个 Display()方法。可以用下列任一代码行调用重载的 Display()方法：

```
Display('9')
Display(9)
Display(9.9)
```

如果不使用重载，则需要创建不同名称的方法，例如：

```
class DisplayData
{
    public void DisplayChar(char theChar)
    {
    }
    public void DisplayInt(int theInt)
    {
    }
    public void DisplayDouble(double theDouble)
    {
    }
}
```

很明显，虽然后者也可以完成相同的功能，但是重载的方式更加直观清晰，此种情况下推荐使用重载的方式。

5.4.2 重写

重写是指在派生类中具有与基类中名称相同的方法(或属性)。要在派生类中使用与基类中名称相同但功能不同的属性或方法，可以把基类中定义的属性或方法覆盖，换成派生类的相关代码，这称为重写。具体做法是基类中允许重写的属性和方法使用关键字 virtual、abstract 等声明，派生类中使用关键字 override 定义重写的属性和方法。

示例：

```
public class Employee
{
    //计算薪资
    public virtual double CalSalary(double hoursWorked, double payRate)
    {
        returnhoursWorked * payRate;
    }
}
public class Manager:Employee
{
    private double bonusRate = 1.5;
    public override double CalSalary(double hoursWorked, double payRate)
    {
        return hoursWorked * payRate * bonusRate;
    }
}
```

上述代码中，类 Employee 声明了 CalSalary()方法，类 Manager 继承了 Employee 类，重写了 Employee 类的 CalSalary()方法。

注意

重写是指在继承关系中，子类将父类中的某个属性或方法覆盖后换成自己特有实现的编程方式，这要求与父类成员具有相同的参数和返回类型。

5.5 this 和 base 关键字

在 C# 中，为了方便地与类和对象交互，提供了 this 和 base 关键字。

5.5.1 this 关键字

this 关键字引用当前正在执行的类或结构的特定实例，可以用来访问类成员。

前述章节曾多次使用过 this 关键字，如在 Windows 窗体应用程序中，使用 this.Close() 关闭当前窗体、在代码中设置窗体的标题属性等。

【示例 5.3】 this 关键字的应用。

创建 ThisDemo 窗体并在窗体上放置两个 Textbox 控件，添加窗体的 Load 事件处理过程，代码如下：

```
public partial class ThisDemo
{
    public ThisDemo()
    {
        InitializeComponent();
    }
    private string msg = "我是类中的字段";
    public void MeDemo_Load(System.Object sender, System.EventArgs e)
    {
        string msg = "我是局部变量";
        TextBox1.Text = "使用 this： " + this.msg;
        TextBox2.Text = "不使用 this： " +msg;
    }
}
```

上述代码中，第 7 行代码在窗体类中定义了一个 msg 变量；第 10 行代码在 Form1_Load 事件过程中也定义了一个 msg 变量，由于两个变量同名，因此在事件过程中内层的局部变量隐藏了外层的变量。此时，如果需要访问外层被隐藏的变量，就要用到 this 关键字，运行结果如图 5-6 所示。

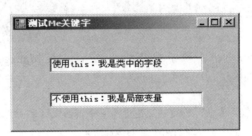

图 5-6　运行结果

　　this 关键字用于指代当前类的对象，当同名的内层变量隐藏了外层变量，而需要访问外层变量时，就可以使用 this 关键字来访问。

5.5.2　base 关键字

base 通常用于访问被派生类重写或隐藏的基类成员，可以访问基类的公共成员和受保护的成员，私有成员不可以访问。

示例：

```
public class Location
{
    public int X;
    public int Y;
    public void Show()
```

```
    {
        Console.WriteLine("X={0},Y={1}", X, Y);
    }
}
public class Rectangle : Location
{
    public int Height;
    public int Width;

    public new void Show()
    {
        base.Show();
        Console.WriteLine("Height={0},Width={1}", Height, Width);
    }
}
```

上述代码定义了 Location 和 Rectangle 两个类。Location 中的两个公共成员 X 和 Y 代表平面上点的坐标，并定义了 Show()方法显示坐标值。Rectangle 类继承了 Location 类的成员，使用基类的 X 和 Y 成员表示矩形左上角的坐标，添加了公共成员 Height 和 Width 代表矩形的高和宽，并隐藏了基类的 Show()方法，自身的 Show()方法用于显示矩形的相关信息，其中使用 base 关键字调用了基类的 Show()方法，用于显示坐标值。

本 章 小 结

通过本章的学习，学生应该能够掌握：
- 类包括字段、属性、方法和事件。
- C# 中继承和多态的概念。
- 重载和重写的概念。
- this 关键字用于指代当前类的对象。
- base 关键字通常用在子类中，表示父类的关键字。

本 章 练 习

1. 在 C# 中的对象有哪三个基本要素？_____
    A. 对象的名称、值和所属类
    B. 对象的属性、事件和方法
    C. 对象的大小、存储方式和内容
    D. 对象的访问方法、存储方式和名称
2. 类 MyClass 的定义如下：
public class MyClass

```
{
    private string data;
}
```

则关键字 private 在类的定义中的作用是_____。

  A. 限定成员变量 data 只在本模块内部可以使用

  B. 限定成员变量 data 仅在类 MyClass 中可以访问

  C. 限定成员变量 data 仅在类 MyClass 及其子类中可以访问

  D. 限定类 MyClass 仅在本模块中可以使用

3. C# 中类的构造函数是_____。

  A. 与类名同名

  B. Finalize

  C. New

  D. Dispose

4. 简述 this 和 base 的区别。

  编写一个学生类，学生有姓名、年龄、性别、班级和家庭住址属性，并提供一个方法用于输出学生信息。

第 6 章　ADO.NET 数据库访问

本章目标

- 掌握 ADO.NET 的原理与结构
- 掌握 Connection 类的使用
- 掌握 Command 类的使用
- 掌握 DataReader 类的使用
- 掌握 DataAdapter 和类 DataSet 的使用
- 掌握 DataTable 数据表和 DataRow 数据行的使用

6.1 ADO.NET 简介

基于 .NET Framework 开发的应用程序，都是通过 ADO.NET 对数据库进行访问和操作。ADO.NET 是一个编程模型，既可用来访问 Microsoft SQL Server、Oracle 等关系型数据库，也可用来访问非关系型数据源。ADO.NET 被集成到 .NET Framework 中，可用于任何 .NET 语言。

在学习 ADO.NET 之前，需要对微软公司的 ADO(ActiveX Data Object)有所了解。ADO 是一个用于存取数据源的 COM 组件，它为编程语言和统一数据访问方式(OLEDB)提供了一个中间层，因此编码人员只需编写访问数据库的代码，而不用关心数据库是如何实现的。ADO 对数据库的操作进行了封装，同时使用松耦合的方式构建客户端记录集。

ADO 编程模型如下所示：
- 连接数据源(Connection)，可选择开始事务。
- 可选择创建表示 SQL 命令的对象(Command)。
- 可选择指定列、表，以及 SQL 命令中的值作为变量参数(Parameter)。
- 执行命令(Command、Connection 或 Recordset)。
- 如果命令以行返回，将行存储在存储对象中(Recordset)。
- 可选择创建存储对象的视图以便进行排序、筛选和定位数据(Recordset)。
- 编辑数据，可以添加、删除，也可以更改行、列(Recordset)。
- 在适当情况下，可以使用存储对象中的变更对数据源进行更新(Recordset)。
- 在使用事务后，可以接受或拒绝在事务中所做的更改，结束事务(Connection)。

ADO.NET 在很多方面和 ADO 比较相近，但是 ADO.NET 并不是 ADO 的 .NET 版本，ADO 和 ADO.NET 是两种不同的数据访问方式。相比于 ADO.NET，ADO 需要支持一些特殊的方法，例如可滚动的服务器端游标 MOVENEXT。但是，使用服务器游标需要使用和保存数据库资源，所以当大量的游标在服务器端被使用时，则可能对应用程序的性能和可伸缩性产生极大的负面影响。而且使用 ADO，还需要对防火墙进行配置，以启用 COM 的发送请求才能够进行数据交互，这样可能产生一定的安全问题。

ADO.NET 的具有如下几个特征：
- 非连接数据体系：ADO.NET 可以在两种模式下工作，一种是连接模式，另一种是非连接模式。在连接模式下访问数据库，应用程序需要与数据库一直保持连接直至停止运行。实际上除了检索和更新数据外，应用程序不需要同数据库进行交互。为了提高系统资源的利用和减少损耗，ADO.NET 还提供了非连接模式的数据访问。使用这种非连接数据体系，只有当检索或更新数据时应用程序才连接到数据库，检索或更新结束后关闭与数据库的连接，当需要时会重新建立连接。这样，数据库可以同时满足多个应用程序的需要。
- 在数据集中缓存数据：数据集是数据库记录的一个缓冲集合，数据集独立于数据源，可以保持同数据源的无连接状态。
- 用 XML 进行数据传送：通过使用 XML 将数据从数据库中传送到数据集中，再从数据集传送到另外一个对象中。使用 XML 可以在不同类型应用之间交换信息。
- 通过数据命令和数据库相互作用：数据命令可以是 SQL 声明或一个存储过程，通过执行命令，可以从数据库中检索、插入或修改数据。

6.2 ADO.NET 结构

ADO.NET 提供了一组用于访问数据库的组件类，这些组件类被组织在不同的命名空间。下面对 ADO.NET 的命名空间和结构进行详细介绍。

6.2.1 ADO.NET 中的命名空间和类

根据 ADO.NET 数据提供程序和主要数据对象，ADO.NET 的命名空间可分为基本对象类、数据提供程序对象类和辅助对象类等。
- System.Data 命名空间：该命名空间是 ADO.NET 的核心，包含大部分的基础对象，如 DataSet、DataTable、DataRow 等。因此在编写 ADO.NET 程序时，必须引用此命名空间。
- System.Data.OLEDB 命名空间：当使用 OLEDB.NET 数据提供程序连接 SQL Server 6.5 以下版本或其他数据库时，必须首先引用此命名空间。
- System.Data.SQLClient 命名空间：用于处理 SQL Server 数据库，提供程序连接 SQL Server 7.0 以上版本数据库时所用的类。
- System.Data.OracleClient 命名空间：用于处理 Oracle 数据库，提供程序连接 Oracle 数据库时所用的类。
- System.Data.Sql 命名空间：支持特定于 SQL Server 的功能的类。
- System.Data.SqlTypes 命名空间：提供针对 SQL Server 中本机数据类型的类。这些类提供一种比 .NET Framework 公共语言运行库提供的数据类型更安全、更快速的替代方案。使用此命名空间中的类有助于防止出现精度损失造成的类型转换错误。
- Microsoft.SqlServer.Server 命名空间：.NET Framework 公共语言运行库与 SQL Server 执行环境进行集成的类、接口和枚举。
- System.Transactions 命名空间：事务相关的类，可以管理本地或分布式的事务。

如图 6-1 所示，列举了 ADO.NET 命名空间及常用的类。

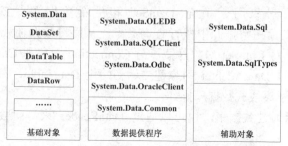

图 6-1 ADO.NET 命名空间的结构

6.2.2 ADO.NET 结构原理

ADO.NET 包括 DataSet 和数据提供程序两个核心组件，用于实现数据操作和数据访问的分离。图 6-2 展示了 ADO.NET 结构模型及关系。

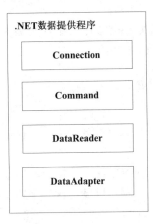
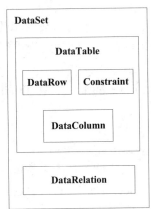

图 6-2 ADO.NET 结构模型

DataSet 是 ADO.NET 的断开式结构的核心组件，它可以实现独立于任何数据源的数据访问，还可以用于多种不同的数据库，也可以用于 XML 数据或用于管理应用程序本地的数据。DataSet 包含一个或多个 DataTable 对象的集合，这些对象由数据行和数据列以及主键、外键、约束和有关 DataTable 对象中数据的关系信息组成。通俗地讲，DataTable 对象对应于关系数据库中的"表"的概念，用来容纳以行列形式组织起来的数据和主键、约束、关系等信息。

.NET Framework 数据提供程序由 Connection、Command、DataReader 和 DataAdapter 4 个核心对象组成，主要用于连接到数据库、执行命令和检索结果，开发人员可以直接处理检索到的结果。

- ◆ Connection 对象提供与数据源的连接，是数据访问程序和数据源之间的通道。
- ◆ Command 对象封装了用于返回数据、修改数据、运行存储过程以及发送或检索参数信息的数据库命令。
- ◆ DataReader 对象可以从数据源中检索数据集，常用于检索大量数据，它只允许以只读、顺向的方式查看数据。
- ◆ DataAdapter 对象用于填充 DataSet 和更新数据源。DataAdapter 使用 Command 对象在数据源中执行查询命令，从而将数据加载到 DataSet 中，DataAdapter 对 DataSet 对象隐藏了与 Connection 对象和 Command 对象沟通的细节，通过 DataAdapter 对象建立、初始化 DataTable，在内存存放数据表副本，实现了离线式数据库操作。

应用程序既可以通过数据集，也可以通过 DataReader 来访问数据库，其数据访问原理如图 6-3 所示。

第 6 章 ADO.NET 数据库访问

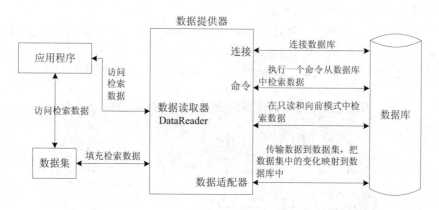

图 6-3 ADO.NET 数据访问原理

6.3 SQL Server 2008

SQL Server 是微软公司提供的一个全面的、集成的、端到端的数据解决方案，它为企业中的用户提供了一个安全、可靠和高效的平台，用于企业数据管理和商业智能应用。SQL Server 2008 为 IT 专家和信息工作者带来了强大的、熟悉的工具，同时减少了在从移动设备到企业数据系统的多平台上创建、部署、管理及使用企业数据和分析应用程序的复杂度。通过全面的功能集、现有系统的集成性以及对日常任务的自动化管理能力，SQL Server 2008 为不同规模的企业提供了一个完整的数据解决方案。

.NET Framework 和 SQL Server 都是微软公司的产品，具有更好的兼容性，因此本书的示例使用 SQL Server 数据库。

SQL Server 2008 基本的使用步骤如下：

(1) 打开 SQL Server 配置管理器。

单击"开始"→"程序"→"Microsoft SQL Server 2008"→"配置工具"→"SQL ServerConfiguration Manager"菜单，弹出"SQL Server 配置管理器"窗口，如图 6-4 所示。在左侧树形菜单中选择"SQL Server 服务"，右击"SQL Server"项→"启动"，启动 SQL Server 服务。

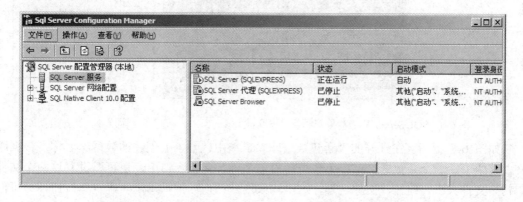

图 6-4 启动 SQL Server 服务

·91·

(2) 打开 SQL Server 资源管理器。

单击"开始"→"程序"→"Microsoft SQL Server 2008"→"SQL Server Management Studio"菜单,打开 SQL Server Management Studio。如图 6-5 所示,在"连接到服务器"对话框中输入登录名、密码等信息,单击"连接"按钮,连接到服务器。

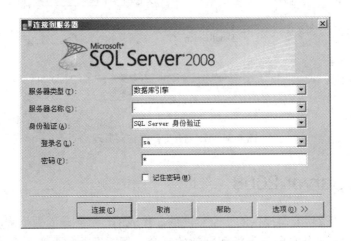

图 6-5 "连接到服务器"对话框

连接成功后,会弹出 SQL Server 的"对象资源管理器"窗口,如图 6-6 所示。

(3) 新建数据库。

在"对象资源管理器"窗口中,右击"数据库"选项,在打开的菜单中单击"新建数据库"命令,如图 6-7 所示。

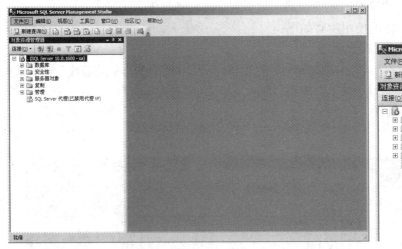 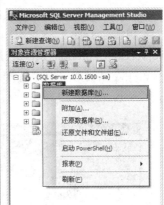

图 6-6 SQL Server 的"对象资源管理器"窗口   图 6-7 新建数据库

如图 6-8 所示,在打开的"新建数据库"窗口中,输入要创建的数据库名称。数据库文件有两个:一个是数据文件;另一个是日志文件。在该窗口中,还可以设置这两个文件的初始文件大小、路径、文件名等,这里均采用默认值。然后单击"确定"按钮,即可创建一个新的数据库。

第 6 章 ADO.NET 数据库访问

此时，单击"对象资源管理器"窗口中的"数据库"选项，即可看到刚刚创建成功的数据库，如图 6-9 所示。创建成功的数据库是空的。接下来，还需要为该数据库创建表。

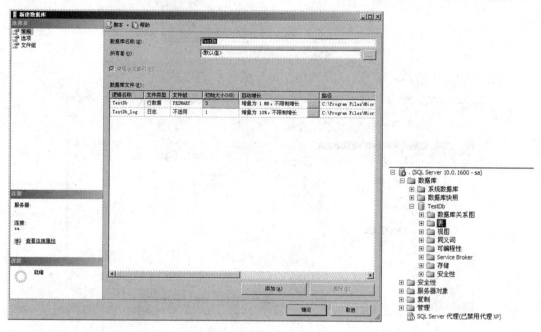

图 6-8　"新建数据库"窗口　　　　　　　　图 6-9　创建成功的数据库

（4）创建表。

展开"对象资源管理器"窗口中的相应的数据库，右击"表"选项，在打开的右键菜单中选择"新建表"菜单，如图 6-10 所示。

如图 6-11 所示，创建表中的列，列名分别为 UserID、UserName、Pwd、Role 和 Note，其中设置"UserID"作为表的主键。右击"UserID"列→"设置主键"菜单项，则其左侧会出现一个钥匙标记，表明该列为主键。

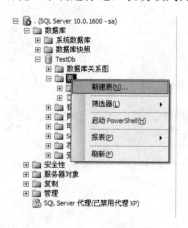

图 6-10　新建表　　　　　　图 6-11　编辑表

单击"保存"按钮，在弹出的输入对话框中输入表的名字，如图 6-12 所示。最后单击"确定"按钮。

· 93 ·

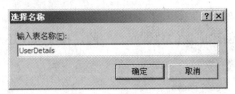

图 6-12 输入表的名称

创建好的表如图 6-13 所示。

图 6-13 数据库中的表

(5) 添加记录。

在 UserDetails 表名称上右击，在打开的右键菜单中选择"编辑前 200 行"菜单项，如图 6-14 所示。

将表打开后，可在表中添加新记录，如图 6-15 所示。

UserID	UserName	Pwd	Role	Note
1	zhangsan	123	1	第一次登陆
2	lisi	123	0	NULL

图 6-14 打开表　　　　　　　　图 6-15 添加记录

至此，一个简单的数据库就创建完毕了。

6.4　ADO.NET 的核心对象

ADO.NET 有 Connection、Command、DataReader、DataAdapter、DataSet 这几个核心组件。

6.4.1 Connection

要使用 ADO.NET 检索和操作数据库，必须首先创建应用程序和数据库之间的连接。ADO.NET 提供了几个专门用于连接不同数据库的连接类：

- OleDbConnection 类：该类在 System.Data.Oledb 命名空间，主要用于连接 Access、SQL Server 6.5 以下版本的数据库。
- OdbcConnection 类：该类在 System.Data.Odbc 命名空间，用于连接 ODBC 数据源。
- SqlConnection 类：该类在 System.Data.SqlClient 命名空间，用于连接 SQL Server 数据库。
- OracleConnecton 类：该类在 System.Data.OracleClient 命名空间，用于连接 Oracle 数据库。

1. 连接 SQL Server 数据库

建立数据库连接需要使用连接字符串。连接字符串的格式是一个以分号为界，划分键/值参数对的列表，其中必须提供以下 3 个信息：

- 数据库所在服务器的位置(Data Source)。
- 数据库的名称(Initial Catalog)。
- 数据库的身份验证方式(Windows 集成验证或者是 SQL Server 身份验证)。

例如使用 Windows 集成验证的方式连接数据库时，使用的连接字符串如下：

Data Source=.;Initial Catalog=TestDb;Integrated Security=True

使用 SQL Server 身份验证的方式连接数据库时，必须在连接字符串中提供数据库的用户名和密码：

Data Source=.;Initial Catalog=TestDb;User ID=sa;Password=a

 不同的数据库其连接方式是不同的，关于更多的数据库连接字符串，读者可参考 http://www.connectionstrings.com。

连接字符串确定后，需要将其传递给 Connection 对象的 ConnectionString 属性，代码如下：

```
string connString = "Data Source=.;Initial Catalog=TestDb;Integrated Security=True";
SqlConnection conn = new SqlConnection();
conn.ConnectionString = connString;
```

通常会将连接字符串写到配置文件中，需要修改时只需修改该配置文件一处即可，使用时通过 .NET 提供的配置管理类来读取。

如果是 Windows 窗体应用程序，则需要先添加该配置文件。右键项目→"添加"→"新建项"，打开"添加新项"窗口，如图 6-16 所示。在该窗口中，选择"应用程序配置文件"，命名为"app.config"，然后单击"添加"按钮，将其添加到应用程序中。

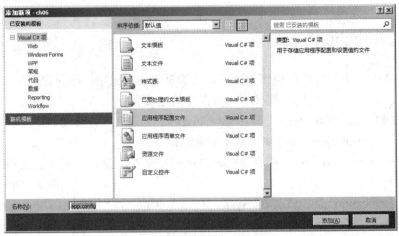

图 6-16 添加应用程序配置文件

在 app.config 文件中加入一个 connectionStrings 标签，代码如下：

```
<configuration>
    ……
    <!--数据库连接字符串-->
    <connectionStrings>
        <add name="MyConnectionString" connectionString="Data Source=.;Initial Catalog=TestDb;Integrated Security=True"/>
    </connectionStrings>
</configuration>
```

要在程序中访问该字符串，可以通过 ConfigurationManager.ConnectionStrings 集合利用名字将其取出。使用该集合，首先要添加 System.Configuration 命名空间的引用。单击菜单栏中的"项目"→"添加引用"，打开"添加引用"窗口，如图 6-17 所示。在该窗口中，选择".NET"选项卡下的"System.Configuration"组件，然后单击"确定"按钮。

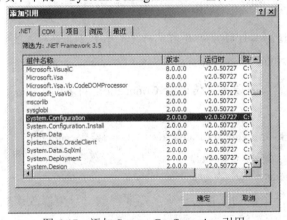

图 6-17 添加 System.Configuration 引用

下面的代码通过 ConfigurationManager.ConnectionStrings 集合取出了连接字符串：

```
stringconnString = ConfigurationManager.ConnectionStrings[
    "MyConnectionString"].ConnectionString;
```

2. 打开和关闭连接

创建数据库连接对象后，使用 Open()方法来打开连接，使用 Close 方法来关闭连接：

conn.Open()   //打开连接
conn.Close()   //关闭连接

  如果使用了连接池，即使显式地关闭了连接对象，也不会真正的关闭与数据库之间的连接，这样能够保证再次进行连接时的性能。

6.4.2 Command

Command 对象可以使用数据命令直接与数据源进行通信，可以执行 SQL 语句和存储过程，通过它可以实现对数据的添加、删除、更新、查询等操作。

与 Connection 类似，不同的数据提供者具有各自的 Command 类。因此使用 Command 类首先要确定数据提供者。另外，创建 Command 对象需要设置其相关属性，这些属性包括了数据库在执行某个语句的所有必要的信息。Command 常用的属性如表 6-1 所示。

表 6-1　Command 常用的属性列表

属 性	功 能 说 明
Connection	用于设置命令对象所使用的连接
CommandText	被执行的命令内容
CommandType	指名 CommandText 属性的类型，可以是 Sql 语句、存储过程或表
Parameters	命令对象的参数集合

其中 CommandType 具有三种不同的类型，如表 6-2 所示。

表 6-2　CommandType 的不同类型列表

类 型	功 能 说 明
CommandType.Text	CommandType 的默认值。表示执行的是 SQL 语句，为 CommandText 指定 SQL 字符串
CommandType.StoredProcedure	表示执行的是存储过程，需要为 CommandText 指定一个存储过程的名称
CommandType.TableDirect	表示执行得到某个数据表中的所有数据，此时需要为 CommandText 指定一个数据表名称

下述代码演示了如何使用 SqlCommand 对象执行一个 SQL 查询语句，采用了属性设置的方式指定了必须的 3 项信息：

```
SqlCommand cmd = new SqlCommand();
cmd.Connection = conn;
cmd.CommandType = CommandType.Text;
cmd.CommandText = "select * from UserDetails";
```

事实上，上面的代码还可以写成更简洁的形式，例如：

```
SqlCommand cmd = new SqlCommand("select * from UserDetails", conn);
```

同样地，如果需要执行存储过程，可以使用如下方式：

```
SqlCommand cmd = new SqlCommand("GetUsers", conn);
cmd.CommandType = CommandType.StoredProcedure;
```

Command 对象提供了三种执行方法，其主要不同之处是返回值不同。
- ✧ ExecuteReader()：用于执行 SELECT 命令，并返回一个 DataReader 对象。
- ✧ ExecuteNonQuery()：用于执行非 SELECT 命令，如 INSERT、DELETE 或者 UPDATE 命令，返回命令所影响的数据行数。也可以用 ExecuteNonQuery()方法来执行一些数据定义命令，如新建、更新、删除数据库对象(如表、索引等)。
- ✧ ExecuteScalar()：用于执行 SELECT 查询命令，返回数据中第一行第一列的值。常用于执行带有 COUNT()或者 SUM()函数的 SELECT 命令。

6.4.3 DataReader

DataReader 是一种常用的数据读取工具，能够以连接的、向前的方式访问数据，可以执行 SQL 语句或者存储过程。DataReader 是一个轻量级的数据对象，比较适合于只是读取并显示数据的场合，因为其读取速度比 DataSet 要快，占用的资源比 DataSet 要少很多。但是，DataReader 在读取数据时要求数据库必须保持着连接状态，读完数据之后才能断开连接。DataReader 的常用方法如表 6-3 所示。

表 6-3 DataReader 中的常用方法

方法	返回值	功能说明
Close()	Void	关闭数据读取器。已重载
NextResult()	Boolean	当读取批量的 SQL 语句的结果时，前进到下一个结果集，如果有更多的结果集，将返回 True。有重载
Read()	Boolean	前进到下一条记录。如果有记录，将返回 True

【示例 6.1】 使用 Command 和 DataReader 对象连接数据库，实现用户登录功能。
创建窗口应用程序，命名为 ch06，创建窗体 LoginFrm，拖放 2 个文本框，2 个按钮，实现登录功能，后台代码如下：

```
public partial class LoginFrm
{
    public LoginFrm()
    {
        InitializeComponent();
    }
    public void btnLogin_Click(System.Object sender, System.EventArgs e)
    {
        string nameStr = txtName.Text;
        string pwdStr = txtPwd.Text;
        //初始验证用户名和密码不能为空
        if (string.IsNullOrEmpty(nameStr))
        {
```

```
            MessageBox.Show("用户名不能为空");
            txtName.Focus();
            return;
        }
        if (string.IsNullOrEmpty(pwdStr))
        {
            MessageBox.Show("密码不能为空");
            txtPwd.Focus();
            return;
        }
        //从配置文件中获取连接字符串
        string connStr = ConfigurationManager.ConnectionStrings[
            "MyConnectionString"].ConnectionString;
        //建立连接
        SqlConnection conn = new SqlConnection(connStr);
        conn.Open();
        //创建命令对象
        SqlCommand cmd = new SqlCommand();
        cmd.Connection = conn;
        cmd.CommandText = "Select * from UserDetails
            where username='" + nameStr + "'";
        SqlDataReader reader = null;
        try
        {
            reader = cmd.ExecuteReader(CommandBehavior.CloseConnection);
            if (reader.Read())
            {
                if (pwdStr == reader["Pwd"].ToString())
                {
                    MessageBox.Show("正确的用户名和密码");
                }
                else
                {
                    MessageBox.Show("密码错误");
                }
            }
            else
            {
                MessageBox.Show("没有此用户,请注册后再登录");
            }
```

```
        }
        catch (Exception ex)
        {
            //抛出异常
            throw (new ApplicationException(ex.ToString()));
        }
        finally
        {
            //关闭数据读取器
            reader.Close();
            //关闭连接
            conn.Close();
        }
    }
    public void btnCancle_Click(System.Object sender, System.EventArgs e)
    {
        txtName.Text = "";
        txtPwd.Text = "";
    }
}
```

上述代码中，先使用 using 关键字导入需要的命名空间：

usingSystem.Configuration

usingSystem.Data.SqlClient

btnLogin_Click()是"登录"按钮的事件处理过程。其中获取配置文件中连接字符串的代码是：

string connStr =
ConfigurationManager.ConnectionStrings["MyConnectionString"].ConnectionString;

在使用 DataReader 对象进行读取数据时，需要使用 try…catch…finally 语句进行异常处理，以保证在代码出现异常时连接能够关闭，否则连接将保持打开状态，影响应用程序性能。

try…catch…finally 异常处理语句的格式如下：

```
try
{
    //语句
}
catch(Exception ex)
{
    //处理异常的语句
}
finally
```

```
{
    //不管异常发生与否都必须执行的语句
}
```

通过 Command 的 ExecuteReader()方法可以得到一个填充数据的 DataReader 对象，例如：

```
reader = cmd.ExecuteReader();
```

通过列名或列的索引可以获取 DataReader 对象中对应的字段信息。例如：

```
Reader["Pwd"]         //通过列名
Reader[0]             //通过列的索引，索引从 0 开始
```

在读取完数据之后务必把 DataReader 对象关闭，如果未关闭，DataReader 对象所使用的 Connection 对象就无法执行其他操作。DataReader 对象使用 Close()方法关闭与数据源之间的联系，最后关闭连接：

```
//关闭数据读取器
reader.Close()
//关闭连接
conn.Close()
```

运行程序，当输入正确的用户名和密码时，运行结果如图 6-18 所示。当输入不存在的用户时会提示"没有此用户，请注册后再登录"；当用户存在但密码错误时会提示"密码错误！"。

图 6-18 "登录"运行结果

6.4.4 DataAdapter 和 DataSet

ADO.NET 有连接和非连接两种模式，其中，连接模式使用 Command 和 DataReader 访问数据库；而非连接模式则需要使用 DataAdapter 和 DataSet 来实现。

1．DataAdapter

数据适配器 DataAdapter 用于填充 DataSet 和更新数据源，可以在 DataSet 对象和数据源之间进行数据交互。针对不同的数据源类型，需要使用 DataAdapter 不同的子类：

- ◇ OleDbDataAdapter 类：可以与 Access、SQL Server 6.5 以下版本的数据库进行交互。
- ◇ OdbcDataAdapter 类：与 ODBC 数据源进行交互。
- ◇ SqlDataAdapter 类：与 SQL Server 数据库进行交互。

◆ OracleDataAdapter 类：与 Oracle 数据库进行交互。

查询、插入、删除和更新数据库时，需要设置 DataAdapter 的属性和方法，以便在数据库上执行各种操作。DataAdapter 常用的属性和方法如表 6-4 所示。

表 6-4 DataAdapter 中的常用属性和方法

属性或方法	功 能 说 明
SelectCommand 属性	查询数据的命令
InsertCommand 属性	插入数据的命令
UpdateCommand 属性	更新数据的命令
DeleteCommand 属性	删除数据的命令
Fill()方法	用于填充或刷新 DataSet
Update()方法	将 DataSet 中的数据更新到数据库里

创建适配器对象时，一般要提供两个参数：Select 语句和数据库连接对象。例如：

//创建适配器对象
SqlDataAdapter adapter = New SqlDataAdapter("select * from UserDetails", conn);

DataAdapter 一般要和命令生成器一起使用，当适配器中提供了 Select 语句，命令生成器会自动生成适配器的插入、更新、删除的 Sql 语句。创建命令生成器时，需要将适配器对象作为构造函数的参数，例如：

//创建适配器的命令生成器
SqlCommandBuilder cmdb = New SqlCommandBuilder(adapter);

 只有当 DataAdapter 操作单个数据库表时，才可以利用 CommandBuilder 对象自动生成 DataAdapter 的 DeleteCommand、InsertCommand 和 UpdateCommand。为了自动生成命令，必须设置 SelectCommand 属性，SelectCommand 检索表架构以此确定自动生成的 INSERT、UPDATE 和 DELETE 语句的语法。

2. DataSet

DataSet 类是 ADO.NET 中最核心的成员之一，是实现基于非连接的数据查询的核心组件。DataSet 对象用于缓存数据库中的数据，具有类似数据库的结构，如表、列、关系和约束等。可以将 DataSet 看成是一个数据容器，将数据库中的数据拷贝一份放到了用户本地的内存中，供用户在不连接数据库的情况下读取数据，不仅充分利用了客户端资源，也大大降低了数据库服务器的压力。使用 DataSet，开发人员能够屏蔽不同数据库之间的差异，从而获得一致的编程模型。

DataSet 能够支持多表、表间关系、数据库约束等，可以模拟一个简单的数据库模型，如图 6-19 所示。

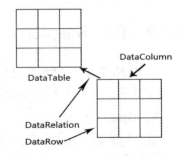

图 6-19 DataSet 对象模型

下面的语句创建了一个空的(没有表数据)的数据集对象：

DataSet dt = New DataSet();

使用适配器的 Fill()方法可以将数据填充到 DataSet 中，例如：

第 6 章 ADO.NET 数据库访问

```
adapter.Fill(ds);
```
填充完后,数据将以表的形式存放在 DataSet 中,通过索引来引用这些表,例如:
```
ds.Tables[0]                //数据集中的第一张表
```
表的索引下标是从 0 开始,按照适配器向数据集中填充的顺序进行排列。使用适配器填充数据集时,还可以给表命名,以便通过名字引用不同的表。例如:
```
adapter.Fill(ds, "User")    //将数据填充到数据集中,并给表起一个标识名"User"
ds.Tables["User"]           //数据集中的标识名为"User"的表
```

(1) DataTable 数据表。

DataTable 表示数据集中的表,它是 DataSet 中常用的对象,与数据库中的表的概念十分相似。DataTable 的属性如表 6-5 所示。

表 6-5 DataTable 的属性

属　　性	功　能　说　明
CaseSensitive	此属性设置表中的字符串是否区分大小写,若无特殊情况,一般设置为 False,该属性对于查找、排序、过滤等操作有很大的影响
MinimumCapacity	设置创建的数据表的最小的记录空间
TableName	指定数据表的名称

(2) DataRow 数据行。

DataRow 表示的是表中的数据行。使用 DataRow 对象可以向表中添加新的数据行,这一操作同 SQL 中 INSERT 语句的概念类似。插入一个新行,首先要声明一个 DataRow 类型的变量。例如:
```
//创建一个新行
DataRow dr = userTabel.NewRow();
```
上述代码使用 DataTable 的 NewRow()方法创建一个新 DataRow 对象,当使用该对象添加了新行之后,通过使用索引或者列名来操作行中的字段:
```
Row[0] = 12                 //通过列的索引,给列赋值
Row["UserName"] = "zkl"     //通过列名,给列赋值
```
最后使用 Add()方法将该行添加到 DataRowCollection 中:
```
Table.Rows.Add(Row)         //增加行
```

【示例 6.2】 使用 DataAdapter 和 DateSet 对象连接数据库,注册一个新用户。

首先创建一个注册窗口 RegistFrm,如图 6-20 所示。

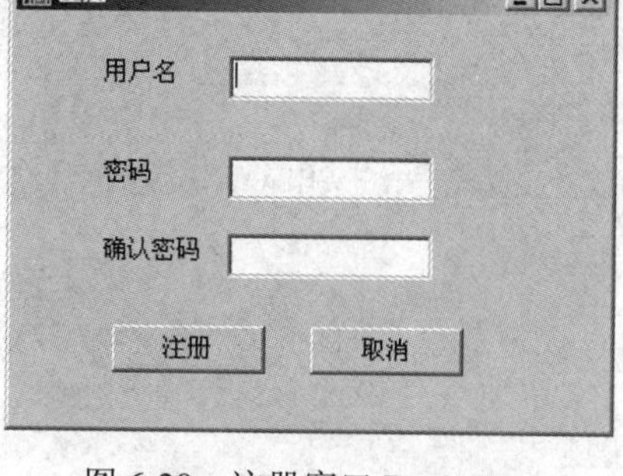

图 6-20 注册窗口 RegistFrm

然后给"注册"和"取消"按钮添加事件处理过程。代码如下：

```csharp
public partial class RegistFrm
{
    public RegistFrm()
    {
        InitializeComponent();
    }
    public void btnRegist_Click(System.Object sender, System.EventArgs e)
    {
        string nameStr = txtName.Text;
        string pwdStr = txtPwd.Text;
        string rePwdStr = txtRePwd.Text;
        //初始验证用户名和密码不能为空
        if (string.IsNullOrEmpty(nameStr))
        {
            MessageBox.Show("用户名不能为空");
            txtName.Focus();
            return;
        }
        if (string.IsNullOrEmpty(pwdStr))
        {
            MessageBox.Show("密码不能为空");
            txtPwd.Focus();
            return;
        }
        if (string.IsNullOrEmpty(rePwdStr))
        {
            MessageBox.Show("确认密码不能为空");
            txtRePwd.Focus();
            return;
        }
        if (rePwdStr != pwdStr)
        {
            MessageBox.Show("确认密码必须与密码相同");
            txtRePwd.Focus();
            return;
        }
        //从配置文件中获取连接字符串
```

```csharp
        string connStr = ConfigurationManager.ConnectionStrings["MyConnectionString"].ConnectionString;
        //建立连接
        SqlConnection conn = new SqlConnection(connStr);
        //创建适配器对象
        SqlDataAdapter adapter = new SqlDataAdapter(
                "select * from UserDetails", conn);
        //创建适配器的命令生成器
        SqlCommandBuilder cmd = new SqlCommandBuilder(adapter);
        //创建数据集
        DataSet ds = new DataSet();
        //使用适配器填充数据集
        adapter.Fill(ds, "User");
        //获取表
        DataTable userTable = ds.Tables["User"];
        //创建一个新行
        DataRow row = userTable.NewRow();
        //插入数据
        row["UserName"] = nameStr;
        row["Pwd"] = pwdStr;
        row["Role"] = 0; //默认为普通用户
        //将新行添加到行集合中
        userTable.Rows.Add(row);
        //更新数据
        adapter.Update(ds.Tables["User"]);
        MessageBox.Show("注册成功");
    }
    public void btnCancle_Click(System.Object sender, System.EventArgs e)
    {
        txtName.Text = "";
        txtPwd.Text = "";
        txtRePwd.Text = "";
    }
}
```

上述代码中，btnRegist_Click()是"注册"按钮的事件处理过程，其中先获取用户输入的信息进行初始验证；然后连接数据库，并创建适配器和命令生成器对象；再创建数据集，使用适配器填充数据集并在数据集的表中添加一行新记录；最后更新数据集。

其中，通过如下代码使用适配器更新数据集。

```csharp
adapter.Update(ds.Tables["User"]);
```

更新数据集的作用是将数据提交到数据库中，使数据库中的数据同步更新。

运行结果如图 6-21 所示。

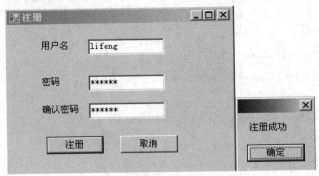

图 6-21　演示 DataAdapter 和 DateSet

注册成功后，查看数据库，UserDetails 表增加了一条新记录，如图 6-22 所示。

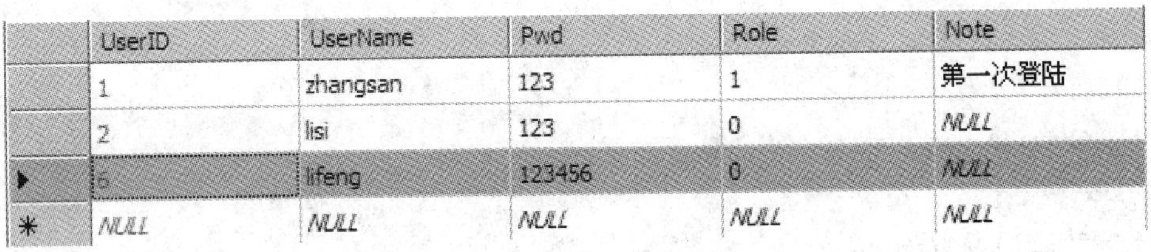

	UserID	UserName	Pwd	Role	Note
	1	zhangsan	123	1	第一次登陆
	2	lisi	123	0	NULL
▶	6	lifeng	123456	0	NULL
*	NULL	NULL	NULL	NULL	NULL

图 6-22　UserDetails 表中的新记录

在设计 UserDetails 表时，要注意将"UserID"列设为自增长的标识，否则在添加数据时会出错。如图 6-23 所示。

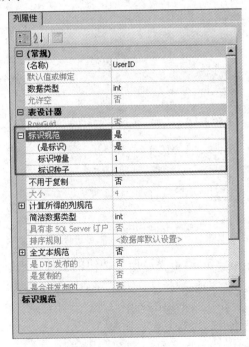

图 6-23　自增长标识

本 章 小 结

通过本章的学习，学生应该能够掌握：
- ADO.NET 有以下几个核心组件组成：Connection、Command、DataReader、DataAdapter、DataSet。
- Connection 用于创建应用程序和数据库之间的连接。
- Command 用于执行 SQL 语句和存储过程，实现对数据的添加、删除、更新、查询等各种操作。
- DataReader 是一种常用的数据读取工具，能够以连接的、向前的方式访问数据，可以执行 SQL 语句或者存储过程。
- DataAdapter 用于填充 DataSet 和更新数据源，可以在 DataSet 对象和数据源之间进行数据交互。
- DataSet 对象用于缓存数据库中的数据，具有类似数据库的结构，如表、列、关系和约束等。

本 章 练 习

1. 在 ADO.NET 中，执行数据库的某个存储过程，则至少需要创建_____并设置它们的属性，调用合适的方法。
    A. 一个 Connection 对象和一个 Command 对象
    B. 一个 Connection 对象和一个 DataSet 对象
    C. 一个 Command 对象和一个 DataSet 对象
    D. 一个 Command 对象和一个 DataAdapter 对象
2. 在使用 ADO.NET 设计数据库应用程序时，可通过设置 Connection 对象的_____属性来指定连接到数据库时的用户和密码信息。
    A. ConnectionString
    B. DataSource
    C. UserInformation
    D. Provider
3. Update()方法属于_____对象。
    A. Connection 对象
    B. Command 对象
    C. DataSet 对象
    D. DataAdapter 对象
4. 在 ADO.NET 中，代表程序到数据库的连接的对象为_____。
    A. Command
    B. Connection

  C. DataSet
  D. DataAdapter
5. ADO.NET 中五大对象是_____、_____、_____、_____和_____
6. 在连接数据库的过程中，数据库连接字符串为：
DataSource=localhost; Initial Catalog=TestDb; user id=sa; password=123456;
  DataSource 代表什么含义：_____
  Initial Catalog 代表什么含义：_____
  user id 代表什么含义：_____
  password 代表什么含义：_____
7. 写出 ADO.NET 访问数据库的步骤，并用 C# 语言写出连接数据库的代码。

第 7 章 数据绑定和操作

本章目标

- 熟练配置数据源
- 熟练使用数据控件 DataGridView 显示数据
- 掌握数据的查询过滤
- 掌握数据的添加
- 掌握数据的修改
- 掌握数据的删除

7.1 数据控件

为了更加方便地使用 C# 实现数据库编程，VS2010 在工具箱中提供了一些可视化设计的数据控件，合理地使用这些控件，会起到事半功倍的效果。本章主要讲解常用的数据控件，以及如何使用数据控件进行数据绑定和数据库的增、删、改、查操作。

工具箱的"数据"选项卡中提供了多个数据控件，如图 7-1 所示。

图 7-1　数据控件

- ◇ DataSet：数据集控件，提供类型化和非类型化的数据集对象。
- ◇ DataGridView：数据表格视图控件，以表格的形式显示数据。
- ◇ BindingSource：绑定数据源控件，封装数据源并提供导航、筛选、排序和更新功能。
- ◇ BindingNavigator：绑定导航控件，在窗体界面中用于导航和绑定数据的标准控件。

注意　BindingNavigator 控件在有些时候会用到，使用 BindingNavigator 控件实现数据导航的内容请参见实践篇知识拓展。

7.1.1　DataGridView

在 Windows 应用程序中，DataGridView 控件是使用非常频繁的数据控件，它以表格的形式显示数据源中的数据。其常用的属性如表 7-1 所示。

表 7-1　DataGridView 控件中常用的属性

属　　性	功　能　说　明
DataSource	用于设置数据源，进行数据绑定
DataMember	用于设置数据源中的数据元素
AllowUserToAddRows	是否允许用户添加行
AllowUserToDeleteRows	是否允许用户删除行
AllowUserToOrderColumns	是否启用列重新排序
ReadOnly	是否只读，当值为 True 时，用户不能编辑 DataGridView 控件中的单元格；为 False 时才可以编辑
SelectionMode	选择模式，用于指示如何选择 DataGridView 的单元格。 ● CellSelect：单元格选择 ● FullRowSelect：整行选择 ● FullColumnSelect：整列选择 ● RowHeaderSelect：行头选择 ● ColumnHeaderSelect：列头选择

【示例 7.1】 以编码的方式对 DataGridView 控件进行数据绑定。

首先创建一个窗体,将其命名为"DataGridViewDemo",在此窗体中添加一个 DataGridView 控件,如图 7-2 所示。

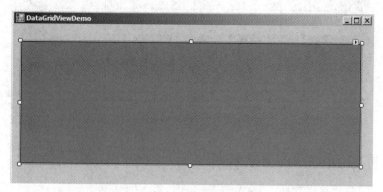

图 7-2 在窗体中添加 DataGridView 控件

添加窗体的 Load 事件处理过程,代码如下:

```
public partial class DataGridViewDemo
{
    public DataGridViewDemo()
    {
        InitializeComponent();
    }
    public void DataGridViewDemo_Load(System.Object sender, System.EventArgs e)
    {   //建立连接
        SqlConnection conn = new SqlConnection("Data Source=localhost;
            Initial Catalog=TestDb;Integrated Security=SSPI");
        //创建适配器对象
        SqlDataAdapter adapter = new SqlDataAdapter("select * from UserDetails", conn);
        //创建数据集
        DataSet ds = new DataSet();
        //使用适配器填充数据集
        adapter.Fill(ds, "User");
        //设置 DataGridView 控件的数据源
        DataGridView1.DataSource = ds.Tables["User"];
    }
}
```

上述代码中,DataGridViewDemo_Load()是窗体加载事件处理过程。在此过程中,使用适配器填充数据集,然后将数据集中的表绑定到 DataGridView 控件中。在 DataGridView 控件中进行数据绑定时,只需设置 DataSource 属性。例如,语句:

DataGridView1.DataSource = ds.Tables["User"];

是将数据集中"User"表的数据绑定到 DataGridView 控件中。运行结果如图 7-3 所示。

WinForm 程序设计及实践

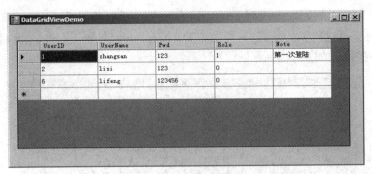

图 7-3 运行结果

7.1.2 配置 DataGridView 控件

实现 DataGridView 控件的数据绑定可以通过编码的方式，还可以通过配置数据源的方式来实现。

【示例 7.2】 通过配置数据源的方式对 DataGridView 控件进行数据绑定。

(1) 添加数据源。

如图 7-4 所示，选择"数据"→"添加新数据源"菜单项，添加一个新的数据源。

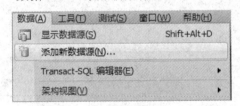

图 7-4 添加新数据源菜单

在弹出的如图 7-5 所示的"数据源配置向导"窗口中选择数据源类型，单击"下一步"按钮。

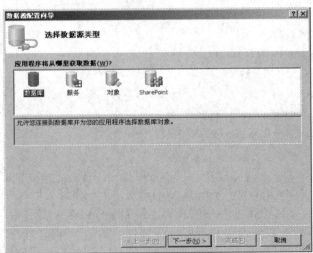

图 7-5 数据源配置向导-数据源类型

在弹出的如图 7-6 所示的"选择数据库模型"窗口中选择数据库模型，单击"下一步"按钮。

弹出"选择您的数据连接"窗口,如图 7-7 所示。

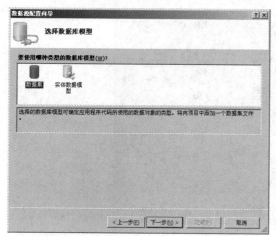

图 7-6　数据源配置向导-数据库模型

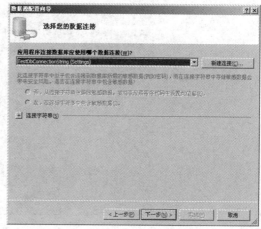

图 7-7　数据源配置向导-数据连接

如果没有需要的数据库连接,可以选择"新建连接"按钮。在弹出的"添加连接"窗口中输入连接数据库的相关信息,如图 7-8 所示。

数据源的类型可以更改,单击"更改"按钮,弹出如图 7-9 所示的"更改数据源"窗口,在此窗口中可以选择 Access、Oracle 等其他类型的数据库。

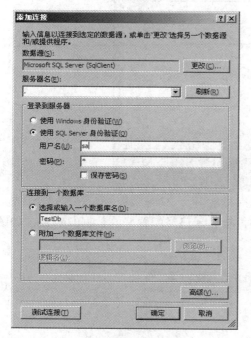

图 7-8　添加数据连接

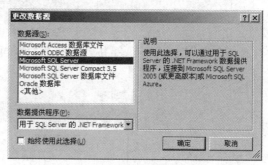

图 7-9　"更改数据源"窗口

连接数据库的字符串可以保存到应用程序的配置文件中。如图 7-10 所示,给连接字符串起一个名字,再单击"下一步"按钮。

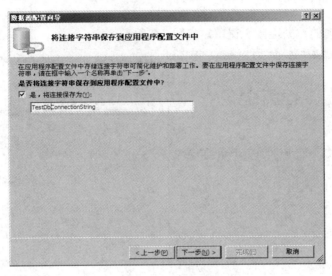

图 7-10 保存连接字符串

在弹出的如图 7-11 所示的"选择数据库对象"窗口中选择所有的表对象,单击"完成"按钮。

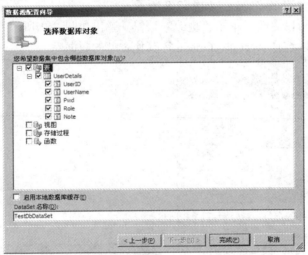

图 7-11 数据库对象

数据源配置好之后,打开"数据源"窗口,会显示已经配置好的数据源对象,如图 7-12 所示。

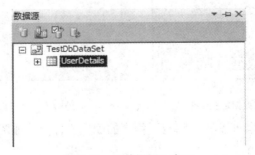

图 7-12 "数据源"窗口

(2) 设置 DataGridView 的数据源。

如图 7-13 所示,单击 DataGridView 控件右上方的三角按钮,弹出"DataGridView 任务"窗口。在此窗口中可以配置 DataGridView 控件的数据源、编辑列和添加列等。

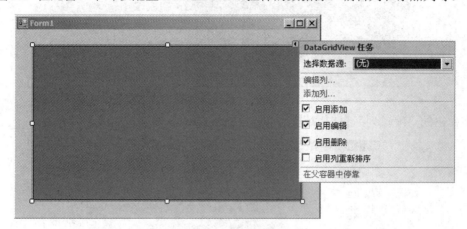

图 7-13　DataGridView 任务窗口

单击"选择数据源"的下拉按钮,如图 7-14 所示,选择数据源对象中的相应的表。

如图 7-15 所示,此时 DataGridView 控件与 UserDetails 表已经绑定到一起,DataGridView 控件中显示了 UserDetails 表中的列。同时会看到窗体下方添加了 DataSet、BindingSource 和 TableAdapter 对象。

图 7-14　设置 DataGridView 控件的数据源　　图 7-15　DataGridView 控件与数据源绑定

(3) 编辑 DataGridView 中的列。

如图 7-16 所示,单击 DataGridView 控件右上方的三角按钮,在弹出的"DataGridView 任务"窗口中选择"编辑列"项。

图 7-16 "编辑列"项

在弹出的"编辑列"窗口中设置列的"HeaderText"属性,如图 7-17 所示。

图 7-17 "编辑列"窗口

设置完毕后,运行此窗体程序,结果如图 7-18 所示。

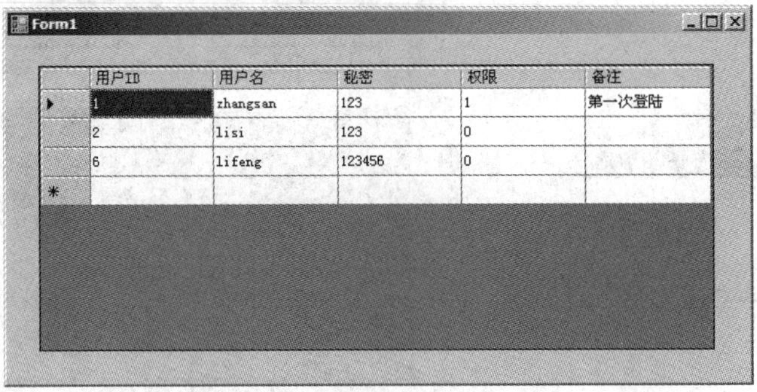

图 7-18 运行结果

从运行结果可以观察到,数据库中的数据已正常显示,并且此时表格中的列头文本都是设置的"HeaderText"属性的值。

7.2 数据操作

数据的操作通常包括查询、添加、修改和删除。

【示例 7.3】 对数据库中的数据进行查询、添加、修改和删除操作。

首先创建"用户管理"窗口界面,如图 7-19 所示。

第 7 章 数据绑定和操作

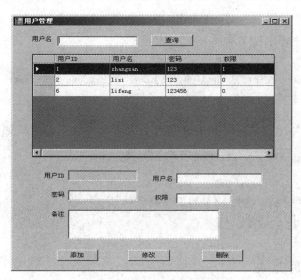

图 7-19 "用户管理"窗口界面

该界面中所用的控件及其属性设置如表 7-2 所示。

表 7-2 "用户管理"窗口界面的控件及其属性设置

Name	类型	Text	属 性 设 置
UserMangerFrm	Form	用户管理	将 StartPosition 设置为 CenterScreen
Label1	Label	用户名	
txtSearchUserName	TextBox		
btnSearch	Button	查询	
dgvUsers	DataGridView		将 AllowUserToAddRows 设置为 False 将 AllowUserToDeleteRows 设置为 False 将 ReadOnly 设置为 True 将 SelectionMode 设置为 FullRowSelect
Label6	Label	用户 ID	
txtUserID	TextBox		将 ReadOnly 设置为 True
Label2	Label	用户名	
txtUserName	TextBox		
Label3	Label	密码	
txtPwd	TextBox		
Label4	Label	权限	
txtRole	TextBox		
Label5	Label	备注	
txtNote	TextBox		将 Multiline 设置为 True
btnAdd	Button	添加	
btnChange	Button	修改	
btnDel	Button	删除	

·117·

设置 dgvUsers 的数据源为 UserDetails 表，如图 7-14 所示。
编辑列的列头，如图 7-17 所示。

注意　DataGridView 控件对象 dgvUsers 设置为只读(ReadOnly 为 True)，选择时是整行选择(将 SelectionMode 设置为 FullRowSelect)。

设置完数据源对象后，窗体的 Load 事件处理过程中会自动生成如下代码：

```
public void UserMangerFrm_Load(System.Object sender, System.EventArgs e)
{
    this.UserDetailsTableAdapter.Fill(this.TestDbDataSet.UserDetails);
}
```

7.2.1　数据查询过滤

在用户管理界面中实现查询功能：当用户输入用户名并单击"查询"按钮后，在 DataGridView 控件中显示符合要求的记录(模糊查询)；当不输入用户名查询时，显示所有记录。

查询按钮的事件处理过程代码如下：

```
//查询按钮的事件处理过程
public void btnSearch_Click(System.Object sender, System.EventArgs e)
{
    string nameStr = txtSearchUserName.Text;
    if (nameStr != "")
    {
        dgvUsers.DataSource = TestDbDataSet.UserDetails.Select(
            "UserName Like \"" + nameStr + "%\"");
    }
    else
    {
        dgvUsers.DataSource = TestDbDataSet.UserDetails;
    }
}
```

上述代码中，使用 DataTable 类的 Select()方法来查询过滤数据。使用 Select()方法时需要传递一个参数，该参数是一个过滤表达式。此方法返回与筛选条件匹配的 DataRow 对象数组。为了实现模糊查询，查询表达式中应使用"Like"关键字。例如，代码：

```
TestDbDataSet.UserDetails.Select("UserName Like \"" + nameStr + "%\"");
```

会查询 UserDetails 表中用户名与输入名字匹配的记录集。运行结果如图 7-20 所示。

当在文本框中输入"1"时，会显示所有以"1"开头的记录，如图 7-21 所示。

第 7 章 数据绑定和操作

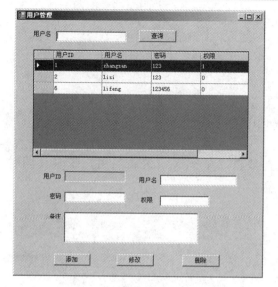

图 7-20 运行结果　　　　　　　图 7-21 符合条件的查询记录

7.2.2 添加数据

在用户管理界面中实现添加功能：当单击"添加"按钮时，显示"添加新用户"窗口，如图 7-22 所示。

图 7-22 "添加新用户"窗口

在用户管理窗口中添加如下代码：
```
//添加按钮的事件处理过程
public void btnAdd_Click(System.Object sender, System.EventArgs e)
{
    //显示添加新用户窗体
    AddUserFrm frm = new AddUserFrm();
    if (frm.ShowDialog() == DialogResult.OK)
    {
        FreshData();
```

· 119 ·

            }
    }
}
//刷新数据集
public void FreshData()
{
    UserDetailsTableAdapter.Fill(TestDbDataSet.UserDetails);
}

用户输入信息后单击"确定"按钮,在数据库中插入一条新的用户记录,同时DataGridView中的数据也需要更新。

添加新用户窗体的代码如下:

```csharp
public partial class AddUserFrm
{
    public AddUserFrm()
    {
        InitializeComponent();
    }
    public void btnOK_Click(System.Object sender, System.EventArgs e)
    {
        string nameStr = txtUserName.Text;
        string pwdStr = txtPwd.Text;
        //初始验证用户名和密码不能为空
        if (string.IsNullOrEmpty(nameStr))
        {
            MessageBox.Show("用户名不能为空");
            txtUserName.Focus();
            return;
        }
        if (string.IsNullOrEmpty(pwdStr))
        {
            MessageBox.Show("密码不能为空");
            txtPwd.Focus();
            return;
        }
        int role = 0;
        if (rd1.Checked)
        {
            role = 1;
        }
        string noteStr = txtNote.Text;
```

```csharp
//数据库访问
string connStr = ConfigurationManager.ConnectionStrings
    ["My.Settings.TestDbConnectionString"].ConnectionString;
SqlConnection conn = new SqlConnection(connStr);
SqlCommand cmd = new SqlCommand();
cmd.Connection = conn;
//带参数的Sql语句
cmd.CommandText = "insert into UserDetails(UserName,Pwd,Role,Note)
    values(@name,@pwd,@role,@note)";
//在命令对象的参数集合中添加参数对象,每个参数对象需要指明参数名和类型
cmd.Parameters.Add(new SqlParameter("@name", SqlDbType.VarChar));
cmd.Parameters.Add(new SqlParameter("@pwd", SqlDbType.VarChar));
cmd.Parameters.Add(new SqlParameter("@role", SqlDbType.Int));
cmd.Parameters.Add(new SqlParameter("@note", SqlDbType.VarChar));
//给参数赋值
cmd.Parameters["@name"].Value = nameStr;
cmd.Parameters["@pwd"].Value = pwdStr;
cmd.Parameters["@role"].Value = role;
cmd.Parameters["@note"].Value = noteStr;
try
{
    conn.Open();
    //执行命令
    int r = cmd.ExecuteNonQuery();
    if (r == 1)
    {
        if (MessageBox.Show("添加成功", "提示",
            MessageBoxButtons.OKCancel) == DialogResult.OK)
        {
            this.DialogResult = DialogResult.OK;
            //关闭当前窗口
            this.Close();
        }
    }
    else
    {
        MessageBox.Show("添加失败");
    }
}
```

```
        catch (Exception ex)
        {
            //抛出异常
            throw (new ApplicationException(ex.ToString()));
        }
        finally
        {   //关闭连接
            conn.Close();
        }
    }
    public void btnCancle_Click(System.Object sender, System.EventArgs e)
    {
        txtUserName.Text = "";
        txtPwd.Text = "";
        rd0.Checked = true;
        txtNote.Text = "";
        this.Close();
    }
}
```

上述代码使用 SqlCommand 对象实现数据的添加,Command 对象中的 SQL 语句可以带参数,参数使用"@参数名"进行标识。例如,语句:

```
cmd.CommandText = "insert into UserDetails(UserName,Pwd,Role,Note)
 values(@name,@pwd,@role,@note)" ;
```

中的"@name"、"@pwd"、"@role"和"@note"都是参数,分别代表用户的四项信息。

定义参数后,需要将参数添加到 Command 对象的参数集合中,例如:

```
cmd.Parameters.Add(new SqlParameter("@name", SqlDbType.VarChar));
cmd.Parameters.Add(new SqlParameter("@pwd", SqlDbType.VarChar));
cmd.Parameters.Add(new SqlParameter("@role", SqlDbType.Int));
cmd.Parameters.Add(new SqlParameter("@note", SqlDbType.VarChar));
```

SqlParameter 是参数对象,创建此对象时需要两个参数:参数名和参数的数据类型。SqlDbType 中定义了 SQL Server 中使用的数据类型。

添加完参数后,还需要给这些参数进行赋值,例如:

```
cmd.Parameters("@name").Value = nameStr;
cmd.Parameters("@pwd").Value = pwdStr;
cmd.Parameters("@role").Value = role;
cmd.Parameters("@note").Value = noteStr;
```

调用命令对象的 ExecuteNonQuery()方法,执行数据的插入操作,例如:

```
int r = cmd.ExecuteNonQuery();
```

当插入成功,即 r=1 时,需要刷新用户管理界面中的数据集。例如,语句:

UserMangerFrm.Default.FreshData();

调用 UserMangerFrm 中的 FreshData()方法，该方法使用适配器重新填充数据集，使数据库中的数据与数据集中的数据一致。运行结果如图 7-23 所示。

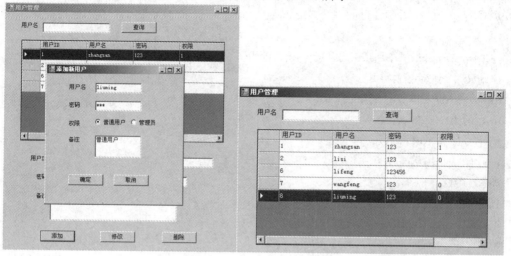

图 7-23　添加数据运行结果

7.2.3　修改数据

在用户管理界面中实现修改功能：用户在 DataGridView 中选择要修改的行，下方的文本框控件中则显示该行的对应数据信息；用户在下方的文本框中修改数据，再单击"修改"按钮，实现数据的修改功能。

实现 DataGridView 的 Click 事件处理过程，当用户选择不同的行时，该行对应的数据在下方的文本框中显示，代码如下：

```
//单击 dgvUsers 的事件处理过程
public void dgvUsers_Click(System.Object sender, System.EventArgs e)
{
    DataGridViewRow selRow = dgvUsers.SelectedRows[0];
    txtUserID.Text =
        System.Convert.ToString(selRow.Cells[0].Value.ToString());
    txtUserName.Text =
        System.Convert.ToString(selRow.Cells[1].Value.ToString());
    txtPwd.Text =
        System.Convert.ToString(selRow.Cells[2].Value.ToString());
    txtRole.Text =
        System.Convert.ToString(selRow.Cells[3].Value.ToString());
    txtNote.Text =
        System.Convert.ToString(selRow.Cells[4].Value.ToString());
}
```

添加"修改"按钮的事件处理过程,代码如下:

```
//修改按钮的事件处理过程
public void btnChange_Click(System.Object sender, System.EventArgs e)
{   //当前选中行所对应的 DataTable 中的 DataRow
    DataRow row =
        TestDbDataSet.UserDetails.Rows[dgvUsers.SelectedRows[0].Index];
    //修改行中对应字段的数据
    row["UserName"] = txtUserName.Text;
    row["Pwd"] = txtPwd.Text;
    row["Role"] = txtRole.Text;
    row["Note"] = txtNote.Text;
    //提交到数据库
    UserDetailsTableAdapter.Update(TestDbDataSet.UserDetails);
    TestDbDataSet.UserDetails.AcceptChanges();
}
```

DataGridView 控件显示的数据与数据源(DataTable)中的数据存在一一对应的关系,这种对应关系可以通过表进行检索,例如:

DataRow row = TestDbDataSet.UserDetails.Rows[dgvUsers.SelectedRows[0].Index];

当使用适配器更新数据集时,需要调用表的 AcceptChanges()方法接受更新,使数据集与数据库同步,例如:

UserDetailsTableAdapter.Update(TestDbDataSet.UserDetails);
TestDbDataSet.UserDetails.AcceptChanges();

运行结果如图 7-24 所示。

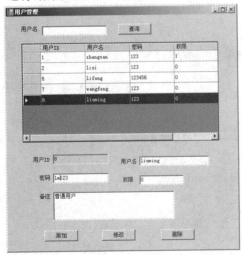
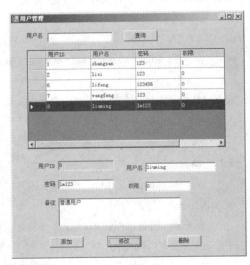

图 7-24 修改数据

7.2.4 删除数据

在用户管理界面中实现删除功能:用户在 DataGridView 中选择要删除的行,下方的文本框控件中显示该行的对应数据信息;用户单击"删除"按钮,弹出删除提示对话框,确认后实现数据的删除功能。

添加"删除"按钮的事件处理过程,代码如下:

```
//删除按钮的事件处理过程
public void btnDel_Click(System.Object sender, System.EventArgs e)
{
    //弹出对话框进行提示
    if (MessageBox.Show("确定要删除此行数据吗?", "提示",
        MessageBoxButtons.OKCancel) == DialogResult.OK)
    {
        //取出要删除的行对象
        DataRow delrow =
            TestDbDataSet.UserDetails.Rows[dgvUsers.SelectedRows[0].Index];
        //删除行
        delrow.Delete();
        //提交到数据库
        UserDetailsTableAdapter.Update(TestDbDataSet.UserDetails);
        TestDbDataSet.UserDetails.AcceptChanges();
    }
}
```

上述代码中使用 MessageBox.Show()方法弹出一个对话框进行提示,当用户确定删除后,即对话框的返回值为 DialogResult.OK 时,进行下面的删除操作。

DataRow 中提供了 Delete()方法用于删除行对象,例如:

delrow.Delete();

运行结果如图 7-25 所示。

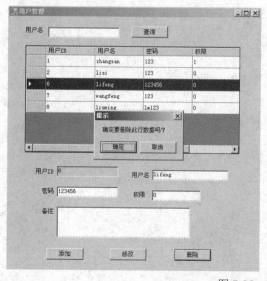
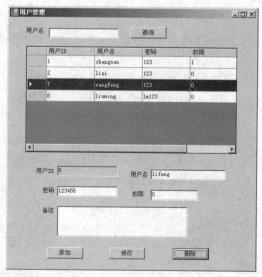

图 7-25　删除数据

WinForm 程序设计及实践

以上完成了 DataGridView 的查、改、删、添操作，界面的完整代码如下：

```csharp
public partial class UserMangerFrm
{
    public UserMangerFrm()
    {
        InitializeComponent();
    }
    public void UserMangerFrm_Load(System.Object sender, System.EventArgs e)
    {
        this.UserDetailsTableAdapter.Fill(this.TestDbDataSet.UserDetails);
    }
    //查询按钮的事件处理过程
    public void btnSearch_Click(System.Object sender, System.EventArgs e)
    {
        string nameStr = txtSearchUserName.Text;
        if (nameStr != "")
        {
            dgvUsers.DataSource = TestDbDataSet.UserDetails.Select(
                "UserName Like \"" + nameStr + "%\"");
        }
        else
        {
            dgvUsers.DataSource = TestDbDataSet.UserDetails;
        }
    }
    //单击 dgvUsers 的事件处理过程
    public void dgvUsers_Click(System.Object sender, System.EventArgs e)
    {
        DataGridViewRow selRow = dgvUsers.SelectedRows[0];
        txtUserID.Text = selRow.Cells[0].Value.ToString();
        txtUserName.Text = selRow.Cells[1].Value.ToString();
        txtPwd.Text = selRow.Cells[2].Value.ToString();
        txtRole.Text = selRow.Cells[3].Value.ToString();
        txtNote.Text = selRow.Cells[4].Value.ToString();
    }
    //修改按钮的事件处理过程
    public void btnChange_Click(System.Object sender, System.EventArgs e)
    {
        //当前选中行所对应的 DataTable 中的 DataRow
```

```csharp
        DataRow row =
            TestDbDataSet.UserDetails.Rows[dgvUsers.SelectedRows[0].Index];
        //修改行中对应字段的数据
        row["UserName"] = txtUserName.Text;
        row["Pwd"] = txtPwd.Text;
        row["Role"] = txtRole.Text;
        row["Note"] = txtNote.Text;
        //提交到数据库
        UserDetailsTableAdapter.Update(TestDbDataSet.UserDetails);
        TestDbDataSet.UserDetails.AcceptChanges();
    }
//删除按钮的事件处理过程
public void btnDel_Click(System.Object sender, System.EventArgs e)
{
    //弹出对话框进行提示

    if (MessageBox.Show("确定要删除此行数据吗？", "提示",
        MessageBoxButtons.OKCancel) == DialogResult.OK)
    {
        //取出要删除的行对象
        DataRow delrow =
            TestDbDataSet.UserDetails.Rows[dgvUsers.SelectedRows[0].Index];
        //删除行
        delrow.Delete();
        //提交到数据库
        UserDetailsTableAdapter.Update(TestDbDataSet.UserDetails);
        TestDbDataSet.UserDetails.AcceptChanges();
    }
}
//添加按钮的事件处理过程
public void btnAdd_Click(System.Object sender, System.EventArgs e)
{
    //显示添加新用户窗体
    AddUserFrm.Default.Show();
}
//刷新数据集
public void FreshData()
{
    UserDetailsTableAdapter.Fill(TestDbDataSet.UserDetails);
```

        }
}

本 章 小 结

通过本章的学习，学生应该能够掌握：
- DataGridView 控件用于显示表格形式的数据。
- 使用设计界面添加数据源。
- DataGridView 控件的 DataSource 属性用于绑定数据源。
- DataTable 类的 Select()方法用于查询过滤数据。
- SqlCommand 对象可以使用带参数的 SQL 语句。
- DataRow 类提供了 Delete()方法，用于删除行对象。
- DataTable 类提供了 AcceptChanges()方法，用于与数据库同步更新。

本 章 练 习

1. 下面_____控件以表格形式显示数据表。
    A. DataSet
    B. DataGridView
    C. BindingSource
    D. BindingNavigator
2. 在 DataGridView 控件中以整行进行选择，需要将 SelectionMode 的属性值设置为_____。
    A. FullRowSelect
    B. FullColumnSelect
    C. RowHeaderSelect
    D. ColumnHeaderSelect
3. 在 DataGridView 控件中绑定数据集时，下面代码正确的是_____。
    A. dgv.DataBinding= ds.Tables[0]
    B. dgv.Binding= ds
    C. dgv.DataSource = ds.Tables[0]
    D. dgv.Source = ds
4. DataTable 类的_____方法可以用来查询过滤数据。
    A. Filter()
    B. Select()
    C. Insert()
    D. Delete()
5. SQL 参数对象使用_____类进行定义。

第 8 章　文件处理

本章目标

- 了解文件的概念及分类
- 了解使用 C# 访问文件的方式
- 熟悉 System.IO 命名空间的成员
- 掌握使用 Directory、File、Path 类操作文件及目录
- 掌握使用 FileStream 类读写文件
- 掌握使用 StreamReader、StreamWriter 类读写文本文件
- 掌握使用 BinaryReader、BinaryWriter 类读写二进制文件

8.1 文件概述

文件中的数据可以永久存放，存储在计算机的辅助存储设备中，如磁盘、光盘等。许多程序都要与外部数据进行交互，如存储在数据库、XML 或文本文件中的数据，因此文件操作是软件开发中必不可少的任务。对于程序设计语言来说，文件处理也是最重要的能力之一，只有通过文件处理，程序设计语言才能支持需要处理大量持久数据的大型应用程序开发。

8.1.1 文件类型

文件是永久存储的字节集合，文件中的数据以字节序列形式存储，可以从存储设备(如磁盘)中读或写。根据文件中数据的编码方式可以将文件分为两种类型：

(1) 文本文件。

文本文件中的数据都是以字符的形式进行组织，通常可以逐行或全部读取到一个字符串变量中，比如 Windows 系统下常见的扩展名为".txt"的文本文件。

(2) 二进制文件。

二进制文件以数据的数据类型按照特定格式进行组织，必须根据其中保存的信息数据类型进行读取。例如：在文件中保存"12345"，文本文件是以 5 个字符(10 个字节)保存此数据，二进制文件是以整数(4 个字节)保存此数据。对于二进制文件必须知道其组织结构，如整数数值用 4 个字节保存，双精度数据用 8 个字节保存。如果不知道二进制文件的数据格式，就不能读取正确的数值，比如常见的扩展名为".jpg"的图片文件，这就是一个二进制文件，用记事本等文本文件查看软件是无法正确解析的，必须按照 JPG 文件的内部格式来解析数据才能正确显示图片。

根据文件的结构和访问方式，又可以将文件分为顺序文件和随机文件：

(1) 顺序文件。

顺序文件是指逻辑顺序与物理存储顺序一致的文件。顺序文件的结构比较简单，文件中的记录按照顺序依次存放。顺序文件不能灵活地对数据进行添加、删除和修改操作，适合有一定规律且不经常修改的数据。其优点在于占用空间少、便于顺序访问。

(2) 随机文件。

随机文件可按任意次序读写文件，它是按照记录号访问数据，每个记录的长度必须相同。随机文件可以快速地查找、修改每个记录，对数据的存储较为灵活、方便和快捷。其缺点在于占用空间较大、数据组织结构比较复杂。

8.1.2 文件访问方式

C# 中访问文件主要使用 .NET 的 System.IO 模型。

System.IO 模型是所有 .NET 语言都可用的类的集合，这些类包含在 System.IO 命名空间中。使用这些类可以进行创建、复制、移动、删除及读/写文件。

8.2　System.IO 模型

.NET 平台中与文件操作有关的类都集中在 System.IO 命名空间中，此命名空间的类图如图 8-1 所示。System.IO 命名空间中经常使用的类有 Directory、File、Path、FileStream、BinaryReader、BinaryWriter、StreamReader、StreamWriter 等。

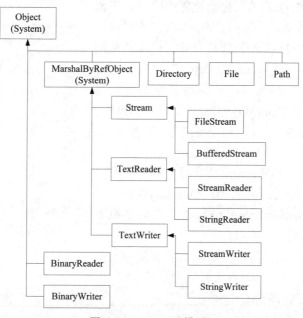

图 8-1　System.IO 模型

8.2.1　Directory

Directory 类提供了对文件目录的访问方法，如创建、删除、移动、获取当前目录和文件等。Directory 类常用的静态方法如表 8-1 所示。

表 8-1　Directory 类中常用的静态方法

方　　法	功　能　描　述
CreateDirectory()	创建具有规定路径的目录
Delete()	删除规定的目录以及其中的所有文件
Exists()	判断指定的文件夹是否存在
GetCreationTime()	获取指定文件夹的创建时间
GetCurrentDirectory()	获取当前目录路径，返回一个字符串
GetDirectories()	返回当前目录下的所有目录名的 String 数组
GetFiles()	返回在当前目录中的所有文件名的 String 数组
GetFilesSystemEntries()	返回在当前目录中的所有文件和目录名的 String 数组
Move()	将规定的目录移到新位置，可以在新位置为文件夹规定一个新名称

在对文件和目录进行操作时经常需要用到路径，C# 代码中规定路径名时，可以使用绝对路径名，也可以使用相对路径名。

(1) 绝对路径。

绝对路径显式地规定文件或目录来自于哪一个位置，如"C:\Work\LogFile.txt"就是一个绝对路径，此路径从驱动器盘符"C:"开始，准确地定义了其位置。

(2) 相对路径。

相对路径是指相对于某个起始位置的路径，无需规定驱动器的位置。程序运行过程中当前工作目录就是起始点，这是相对路径名的默认设置。例如：应用程序运行在"C:\Development\FileDemo"目录上，并使用了相对路径"LogFile.txt"，则对应绝对路径是"C:\Development\FileDemo\LogFile.txt"。在相对路径中，".."代表父目录，即当前目录的上一层目录，"."代表当前目录。

【示例 8.1】 使用 Directory 类进行文件夹管理。

首先创建窗体界面，命名为"DirectoryDemo"，添加一个 FolderBrowserDialog 浏览文件夹对话框和 ListBox 列表框，如图 8-2 所示。

编辑"浏览"、"删除"和"移动"按钮的事件处理过程，代码如下：

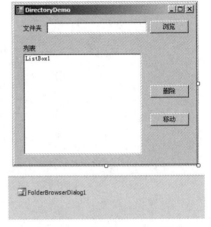

图 8-2 "DirectoryDemo"界面

```
public partial class DirectoryDemo
{
    public DirectoryDemo()
    {
        InitializeComponent();
    }
    public void btnBrowser_Click(System.Object sender, System.EventArgs e)
    {
        if (FolderBrowserDialog1.ShowDialog() == DialogResult.OK)
        {
            //获取选中的路径
            string pathStr = FolderBrowserDialog1.SelectedPath;
            txtPath.Text = pathStr;
            //显示该路径下的所有元素
            ShowFiles();
        }
    }
    private void ShowFiles()
    {
```

```
        //清空列表框中的选项
        ListBox1.Items.Clear();
        //获取指定目录下的所有元素
        string[] items = Directory.GetDirectories(txtPath.Text);
        //在列表框中添加所有元素
        for (int i = 0; i <= items.Length - 1; i++)
        {
            ListBox1.Items.Add(items[i]);
        }
    }
    public void btnDel_Click(System.Object sender, System.EventArgs e)
    {
        //获取用户选中的项
        string delStr = ListBox1.SelectedItem.ToString();
        //如果存在此目录
        if (Directory.Exists(delStr))
        {
            //弹出对话框进行确认
            if (MessageBox.Show("确定要删除" + delStr, "提示",
                MessageBoxButtons.OKCancel) == DialogResult.OK)
            {
                //删除目录
                Directory.Delete(delStr, true);
                //刷新列表框中的选项
                ShowFiles();
            }
        }
        else
        {
            MessageBox.Show("你选中的不是文件夹");
        }
    }
    public void btnMove_Click(System.Object sender, System.EventArgs e)
    {
        //获取用户选中的项
        string moveStr = ListBox1.SelectedItem.ToString();
        //如果存在此目录
        if (Directory.Exists(moveStr))
        {
            //弹出输入对话框，让用户输入移动的目标路径
```

```
                string toStr = Interaction.InputBox("请输入要移动的目标路径：", "", "", -1, -1);
                Directory.Move(moveStr, toStr);
                //刷新列表框中的选项
                ShowFiles();
            }
            else
            {
                MessageBox.Show("你选中的不是文件夹");
            }
        }
}
```

上述代码中 btnBrowser_Click()是"浏览"按钮的事件处理过程，当单击"浏览"按钮时，先弹出一个浏览文件夹对话框，让用户选择要操作的文件夹，并在此对话框中单击"确定"按钮才进行下一步操作。对应的代码如下：

```
if (FolderBrowserDialog1.ShowDialog() == DialogResult.OK)
{
    …
}
```

弹出的"浏览文件夹"对话框如图 8-3 所示。

FolderBrowserDialog 对象的 SelectedPath 属性用于获取用户选择的文件夹路径，例如：

```
string pathStr = FolderBrowserDialog1.SelectedPath;
```

ShowFiles()用于显示文件夹内的所有内容。该方法先清空列表框中的所有选项，再获取文件夹中的所有元素，然后使用循环语句将这些元素添加到列表框中。如图 8-4 所示，当用户单击"浏览"按钮，在浏览文件夹对话框中选中要查看的"D:\FixVS2010Copy"文件夹后，在列表框中会显示"D:\FixVS2010Copy"文件夹下的所有元素。

图 8-3 "浏览文件夹"对话框

图 8-4 文件夹中的内容列表

btnDel_Click()是"删除"按钮的事件处理过程，其中使用下面语句删除指定文件夹及其内部的子文件夹和文件：

```
Directory.Delete(delStr, True);
```

在列表框中选中要删除的文件夹(如果不是文件夹将弹出提示对话框)，单击"删除"按钮，会弹出确认对话框进行确认，只有"确定"后才删除此文件夹，并刷新列表框，如图 8-5 所示。

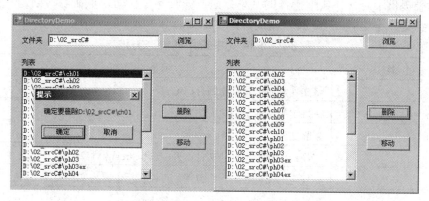

图 8-5 删除目录

btnMove_Click()是"移动"按钮的事件处理过程，其中使用下面语句进行文件夹的移动：

Directory.Move(moveStr, toStr);

在列表框中选中要移动的文件夹，单击"移动"按钮，会弹出一个输入对话框，输入要移动的目标路径"D:\tool"，则"D:\02_srcC#"文件夹中的内容将被移到"D:\tool"文件夹中，如图 8-6 所示。

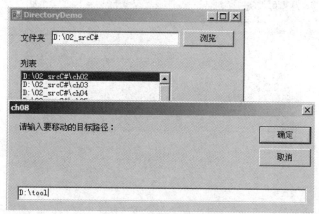

图 8-6 移动文件夹

  Direcotry 的 Delete()方法是永久删除，不把文件夹送到回收站；使用 Move()方法移动文件夹时，要注意不能跨磁盘移动，如 C 盘的文件不能移到 D 盘下。

DirectoryInfo 类与 Directory 类的功能相似，区别在于：DirectoryInfo 类提供实例方法，而 Directory 类提供共享方法，所以使用 DirectoryInfo 时必须先实例化一个对象，例如：

DirectoryInfo d = new DirectoryInfo("D:\ch07_");
FileInfo[] files = d.GetFiles();

8.2.2 File

File 类提供了对文件典型操作的共享方法，如复制、移动、重命名、创建、打开、删除和追加到文件等功能。File 类常用的静态方法如表 8-2 所示。

表 8-2 File 类中常用的静态方法

方　　法	功　能　描　述
Copy( )	将文件从源位置复制到目标位置
Create()	在规定的路径上创建文件
Delete()	删除文件
Open()	在规定的路径上打开文件，返回 FileStream 对象
Move()	将规定的文件移动到新位置，可以在新位置为文件规定不同的名称
Exits()	判断文件是否存在，返回 True/False
GetCreationTime()	获取文件的创建日期和时间
GetLastAccessTime()	获取文件的最后一次被访问的日期和时间
GetLastWriteTime()	获取文件最后一次写入数据的日期和时间

【示例 8.2】 使用 File 类进行文件管理。

创建窗口界面，命名为 "FileDemo"，添加一个打开文件对话框，如图 8-7 所示。

图 8-7 "FileDemo" 窗口界面

在窗体中添加按钮的事件处理过程代码如下：

```
public partial class FileDemo
{
    public FileDemo()
    {
        InitializeComponent();
    }
```

```csharp
//"浏览"按钮的事件处理过程
public void btnBroser_Click(System.Object sender, System.EventArgs e)
{
    if (OpenFileDialog1.ShowDialog() == DialogResult.OK)
    {
        string fname = OpenFileDialog1.FileName;
        txtFile.Text = fname;
        //获取文件的创建时间
        txtCreatTime.Text = File.GetCreationTime(fname).ToString();
        //获取文件的最后访问时间
        txtAccessTime.Text = File.GetLastAccessTime(fname).ToString();
        //获取文件的最后修改时间
        txtWriteTime.Text = File.GetLastWriteTime(fname).ToString();
    }
}
//"复制"按钮的事件处理过程
public void btnCopy_Click(System.Object sender, System.EventArgs e)
{
    string copyToStr = Interaction.InputBox("请输入要复制到的目标路径:", "", "", -1, -1);
    //如果输入的字符串不为空
    if (!string.IsNullOrEmpty(copyToStr))
    {   //复制文件
        File.Copy(txtFile.Text, copyToStr);
        MessageBox.Show("文件已成功复制到" + copyToStr);
    }
}
//"移动"按钮的事件处理过程
public void btnMove_Click(System.Object sender, System.EventArgs e)
{
    string moveToStr = Interaction.InputBox("请输入要移动的目标路径:", "", "", -1, -1);
    //如果输入的字符串不为空
    if (!string.IsNullOrEmpty(moveToStr))
    {   //移动文件
        File.Move(txtFile.Text, moveToStr);
        MessageBox.Show("文件已成功移动到" + moveToStr);
    }
}
//"删除"按钮的事件处理过程
public void btnDel_Click(System.Object sender, System.EventArgs e)
{
```

```
        if (MessageBox.Show("确定要删除" + txtFile.Text + "文件？", "提示",
            MessageBoxButtons.OKCancel) == DialogResult.OK)
        {   //删除文件
            File.Delete(txtFile.Text);
            MessageBox.Show(txtFile.Text + "文件已成功删除");
        }
    }
}
```

运行此应用程序，单击"浏览"按钮会弹出"打开"文件对话框，如图8-8所示。

在对话框中选定一个文件，将显示此文件的创建时间、访问时间和修改时间，如图8-9所示。

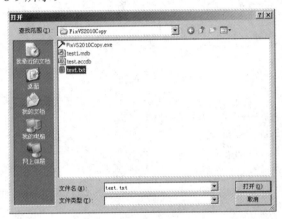

图8-8 "打开"对话框

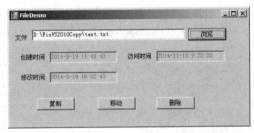

图8-9 浏览文件

单击"复制"按钮，将弹出输入对话框。输入复制的目标路径"D:\text.txt"，单击"确定"按钮。当文件复制成功会弹出对话框进行提示，此时在D盘中可以看到"text.txt"这个文件，如图8-10所示。

图8-10 复制文件

类似地可进行"移动"、"删除"操作。

FileInfo类提供与File类中相同功能的方法，区别在于FileInfo类提供的是实例方法，使用之前需要创建实例，例如：

```
FileInfo fi = new FileInfo("F:\MyTest.txt ");
if(!fi.Exists)
{
    ...
}
```

第 8 章 文件处理

 Direcotry 和 File 提供的方法都是共享方法，如果执行一次操作，使用共享方法的效率比较高；如果针对一个目录或文件有多次操作，可考虑使用 DirectoryInfo 和 FileInfo 提供的实例方法。

8.2.3 Path

Path 类用于对路径进行相关操作，它可以获取文件名和后缀，返回相对路径的完整路径描述等。其常用的共享方法如表 8-3 所示。

表 8-3 Path 类常用的共享方法

成 员	功 能 描 述
ChangeExtension()	改变文件的扩展名。例如：Path.ChangeExtension("C:\haier.dat", ".sql")
Combine()	将两个路径合并为一个。通常用于合并一个文件夹路径和文件，例如：Path.Combine("C:\mydoc", "test.txt")
GetDirectoryName()	返回路径的名称。例如：Path.GetDirectoryName("C:\mydoc\test.txt") 返回 "C:\mydoc"
GetFullPath()	返回相对路径的完整路径。例如：Path.GetFullPath("..\test.txt")
GetExtension()	获取文件的扩展名
GetFileName()	获取文件名
GetFileNameWithoutExtension()	获取不带扩展名的文件名
HasExtension()	判断路径是否包含文件扩展名。

【示例 8.3】 使用 Path 类实现文件路径操作。

首先创建窗体界面，如图 8-11 所示。

图 8-11 "PathDemo" 窗体界面

在窗体中添加"确定"按钮的事件处理过程，代码如下：

```
public partial class PathDemo
{
    public PathDemo()
    {
        InitializeComponent();
    }
    public void btnOK_Click(System.Object sender, System.EventArgs e)
```

· 139 ·

```csharp
{
    var pathstr = txtPath.Text;
    //判断是否有后缀
    if (Path.HasExtension(pathstr))
    {
        txtShow.Text = "您输入的是一个文件的路径\n";
        //判断文件是否存在
        if (File.Exists(pathstr))
        {
            txtShow.AppendText("文件名：" +
                Path.GetFileNameWithoutExtension(pathstr) + "\n");
            txtShow.AppendText("后缀：" + Path.GetExtension(pathstr));
        }
        else
        {
            txtShow.AppendText("该文件不存在");
        }
    }
    else
    {
        txtShow.Text = "您输入的是一个文件夹的路径\n";
        //判断文件夹是否存在
        if (Directory.Exists(pathstr))
        {   //定义DirectoryInfo对象
            DirectoryInfo di = new DirectoryInfo(pathstr);
            //获取目录中的所有文件对象
            FileInfo[] fis = di.GetFiles();
            txtShow.AppendText("文件夹中的文件有：\n");
            foreach (var fi in fis)
            {
                txtShow.AppendText(fi.Name + "\t" +
                    fi.Length.ToString() + "字节\n");
            }
        }
        else
        {
            txtShow.AppendText("该文件夹不存在");
        }
    }
}
```

上述代码中使用 Path.HasExtension()方法判断用户输入的路径是文件夹还是文件。
txtShow.AppendText("文件名：" + Path.GetFileNameWithoutExtension(pathstr) + "\n");

该语句实现在文本框中追加内容，其中 Path.GetFileNameWithoutExtension()获取不带扩展名的文件名。

当输入的路径是文件夹时，使用 DirectoryInfo 和 FileInfo 获取文件夹和文件的相关信息。创建 DirectoryInfo 和 FileInfo 对象的代码如下：

```
//定义 DirectoryInfo 对象
DirectoryInfo di = new DirectoryInfo(pathstr);
//获取目录中的所有文件对象
FileInfo[] fis = di.GetFiles();
```

其中：di 对象的 Name 属性用于获取文件名，Length 属性获取文件大小。

运行结果如图 8-12 所示。

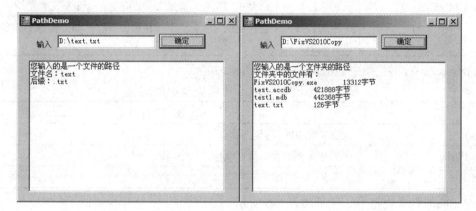

图 8-12　Path 示例的运行结果

8.3　文件流操作

要对文件进行读写操作，就需要使用文件流。System.IO 命名空间下提供了一系列用于操作数据流的类，常用的有 FileStream、StreamReader、StreamWriter、BinaryReader、BinaryWriter。其中 StreamReader 和 StreamWriter 用于读写字符流；BinaryReader 和 BinaryWriter 用于读写字节流；而 FileStream 类封装了针对文件流的操作，提供了读写二进制文件的方法，并可以在其基础上构造 StreamReader/StreamWriter 和 BinaryReader/BinaryWriter。

8.3.1　FileStream

FileStream 类表示指向文件的流，提供了操作文件流的功能，它可以以同步或异步模式打开一个文件。当以同步模式打开一个文件时，在数据被读取完毕之前，程序将一直等待，直到读取完毕为止；当以异步模式打开一个文件时，在数据被读取完毕之前，程序可以继续运行。当一个文件很大并且访问文件的应用程序需要花较多的时间读取整个内容时，最好采用异步模式。以同步模式读写文件的方法是 Read()和 Writer()，以异步模式读写文件的方法是 BeginRead()和 BeginWriter()，FileStream 类默认以同步模式打开文件。注意，FileStream 类中的读写方法都是操作字节，而不是字符。

FileStream 类的构造函数需要使用枚举类型 FileMode、FileAccess 和 FileShare 来指定如何创建、访问和共享一个文件。其中 FileMode 枚举类型中的成员如表 8-4 所示。

表 8-4　FileMode 枚举类型中的成员

成　员	功　能　描　述
Append	用来打开有几个已经存在的文件并把文件指针移动到文件末尾，或者创建一个新的文件。Append 只能和 FileAccess.Write 一起使用
Create	用来创建一个新文件，如果文件已经存在，将覆盖原来的旧文件
CreateNew	用来创建一个新文件，如果文件已经存在，将抛出异常
Open	用来打开一个已存在的文件
OpenOrCreate	用于打开一个已存在的文件，如果文件不存在，一个新文件将被创建
Truncate	用来打开一个已存在的文件，并删除里面的内容。如果文件不存在，则会抛出异常

FileAccess 枚举类型中的成员如表 8-5 所示。

表 8-5　FileAccess 枚举类型中的成员

成　员	功　能　描　述
Read	读取文件中的数据
ReadWrite	可以从文件中读取数据或向文件中写入数据
Write	向文件中写入数据

FileShare 枚举类型中的成员如表 8-6 所示。

表 8-6　FileShare 枚举类型中的成员

成　员	功　能　描　述
None	用来拒绝当前文件的共享，
Read	允许其他读取文件的操作
ReadWrite	允许其他读取文件或写入文件的操作
Write	允许其他写入文件的操作

下面语句定义了一个 FileStream 对象，用于打开或创建 "d:\mylog.txt" 文件，对该文件的访问方式是可读写，共享方式是读操作：

```
FileStream fs = new FileStream("d:\\mylog.txt",FileMode.OpenOrCreate,
FileAccess.ReadWrite,FileShare.Read);
```

8.3.2　StreamReader 类和 StreamWriter 类

StreamReader 类和 StreamWriter 类提供了使用特定编码读写字符流的功能，其默认编码为 UTF-8。

下述代码使用 StreamWriter 类向文本文件写入内容：

```
//写入文本文件
StreamWriter sw = new StreamWriter("d:\\text.txt");
sw.Write("今天是：");
sw.Write(DateTime.Now);
sw.Close();
```

上述代码将在 D 盘下 test.txt 文件中写入日期和时间。默认情况下，创建 StreamWriter 对象时如果对应文件不存在，则会自动创建一个新文件；如果文件中已有内容，则会删除原有内容。如果需要向文件中追加内容，可以使用另一个重载的构造函数，例如：

```
StreamWriter sw = new StreamWriter("d:\\text.txt",true);
```

当第二个参数为 True 时，会采用追加方式写入文本。除此之外，还可以使用 File.Append()方法来向文件追加文本，例如：

```
StreamWriter sw = File.AppendText("d:\\text.txt");
sw.WriteLine("追加的内容");
sw.Close();
```

在默认情况下，StreamWriter 是将 UTF-8 编码的字符串写入流，如果需要采用其他编码，必须明确指明。下面的代码使用 StreamWriter 的另一个构造函数传入了字符编码的参数，将使用 GB2312 编码向流中写入内容：

```
//采用 GB2312 编码写入文本文件
String path = "d:\test.txt" ;        //文件全路径
StreamWriter sw=
new StreamWriter(path,false,System.Text.Encoding.GetEncoding("gb2312"));
sw.Write("今天是: ");
sw.WriteLine(DateTime.Now);
sw.Close();
```

下述代码使用 StreamReader 类从文本文件读取内容：

```
//读取文本文件的内容
String path = "d:\\test.txt";        //文件全路径
StreamReader sr = New StreamReader(path);
string line ="";                     //一行一行读取，直到文件结束
line = sr.ReadLine();
While (sr.read() > 0)
{
    Console.WriteLine(sr.ReadLine());
}
sr.Close();
```

上面的示例可以将文件内容读取并显示出来，当到达文件末尾时，read()方法返回 −1，程序就会停止读取文件。还有一种简单的方式，通过 StreamReader 类的 ReadToEnd() 方法可以将文本文件内容一次性读取出来，当然这仅适用于文件较少的情形，否则将会耗费大量内存。

另外，在某些情况下可能需要为 StreamReader 指明读取文件的编码格式，其默认情况下使用 UTF-8 编码进行读取，如果读取 GB2312 编码的文件，就可能会产生乱码。

【示例 8.4】实现记事本功能。

首先创建记事本窗口界面，命名为 NoteDemo，在此界面中添加菜单和 RichTextBox 文本框，如图 8-13 所示。

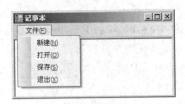

图 8-13 记事本界面

在界面中添加菜单的事件处理过程，代码如下：

```
public partial class NoteDemo
{
    public NoteDemo()
    {
        InitializeComponent();
    }
    private void miNew_Click(object sender, EventArgs e)
    {
        RichTextBox1.Text = "";
    }
    private void miOpen_Click(object sender, EventArgs e)
    {
        //显示打开文件对话框
        if (OpenFileDialog1.ShowDialog() ==
            System.Windows.Forms.DialogResult.OK)
        {
            //获取用户在对话框中选择的文件名
            string filename = OpenFileDialog1.FileName;
            //创建一个读文件的数据流
            StreamReader reader = new StreamReader(filename);
            //reader.ReadToEnd()是读到文件末尾
            RichTextBox1.Text = reader.ReadToEnd();
            //关闭数据流
            reader.Close();
        }
    }
    private void miSave_Click(object sender, EventArgs e)
    {
        //显示保存文件对话框
        if (SaveFileDialog1.ShowDialog() ==
            System.Windows.Forms.DialogResult.OK)
        {
```

```
        //获取用户在对话框中输入的文件名
        string filename = SaveFileDialog1.FileName;
        //创建一个写文件的数据流
        StreamWriter writer = new StreamWriter(filename);
        //将用户在文本框中输入的内容写到文件中
        writer.Write(RichTextBox1.Text);
        //关闭数据流
        writer.Close();
    }
}
private void miExit_Click(object sender, EventArgs e)
{
    //关闭窗体
    this.Close();
}
}
```

上述代码中"miOpen_Click()"是打开菜单的事件处理方法，该方法中先显示打开文件对话框，然后使用 StreamReader 的 ReadToEnd()方法读取文件中的所有数据并显示，如图 8-14 所示。

图 8-14　打开文件

"miSave_Click()"是保存菜单的事件处理方法，该方法中先显示一个文件保存对话框，然后使用 StreamWriter 的 Write()方法向文件中写入内容。在记事本中输入内容，如图 8-15 所示。

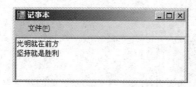

图 8-15　在记事本中输入内容

单击"保存"按钮，弹出"另存为"对话框，如图 8-16 所示，在对话框中选择路径并输入文件名，单击"保存"按钮。

找到指定目录下的相应文件，可以观察到输入的内容已经写到文件中了，如图 8-17 所示。

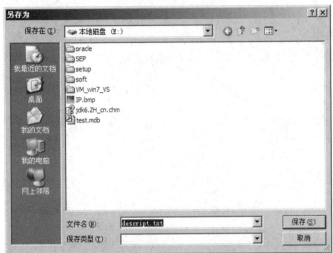

图 8-16　保存文件对话框

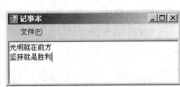

图 8-17　文件内容

8.3.3　BinaryReader 类和 BinaryWriter 类

BinaryReader 类和 BinaryWriter 类提供了针对二进制流的读写功能。

下述代码使用 BinaryWriter 类向二进制文件中写入 0 到 9 的数字：

```
//文件路径
string path = "d:\\file.bin";
//如果文件存在，则删除该文件
if (File.Exists(path))
{
    File.Delete(path);
}
//创建文件流，设置创建方式
FileStream fs = new FileStream(path, FileMode.CreateNew);
BinaryWriter bw = new BinaryWriter(fs);
for (int i = 0; i < 10; i++)
{
    bw.Write(i);
}
bw.Close();
fs.Close();
```

代码运行后，用记事本打开 file.bin 文件后无法阅读，如图 8-18 所示。

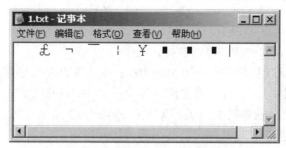

图 8-18 使用记事本打开的二进制文件

上述文件中的数据是二进制形式的，而不是以字符方式保存的，所以无法正确解析为字符。BinaryWriter 类的 Write()方法有多个重载实现，用来将不同类型的值写入流中，例如，如果往文件中写入字符串，则需要用 Write(string)方法。

二进制数据无法直接阅读，可以使用 BinaryReader 类来读取。读取二进制数据的方法需要与写入的方法一一对应，例如：Write(int)就要用 ReadInt32()来读取，Write(String)就要用 ReadString()来读取，以此类推，否则将无法正确读取。

下述代码用于从二进制文件读取并显示数据：

```
string path = "d:\\file.bin";
//打开文件流
FileStream fs = new FileStream(path, FileMode.Open);
BinaryReader br = new BinaryReader(fs);
for (int i = 0; i < 10; i++)
{
    //读取整数
    Console.WriteLine(br.ReadInt32());
}
br.Close();
fs.Close();
```

代码运行结果如图 8-19 所示。

图 8-19 运行结果

本 章 小 结

通过本章的学习，学生应该能够掌握：
- 按照编码方式可以将文件分为两种类型：文本文件和二进制文件。
- 按照结构和访问方式可以将文件分为顺序文件和随机文件。
- 在 C# 中与文件操作有关的类都集中在 System.IO 命名空间中。
- Directory 类提供了对文件夹及其内容的访问方法。
- File 类提供文件的复制、移动、重命名、创建、打开、删除和追加到文件等功能。
- StreamReader 类和 StreamWriter 类使用特定的编码读写字符流。
- BinaryReader 类和 BinaryWriter 类用来读写二进制文件。

本 章 练 习

1. 根据文件中数据的编码方式可以将文件分为_____两种类型。
   - A. 顺序文件、随机文件
   - B. 文本文件、数据文件
   - C. 文本文件、二进制文件
   - D. 顺序文件、二进制文件

2. Directory 类的_____方法用于获取目录中所有文件名。
   - A. GetDirectories()
   - B. GetAllFiles()
   - C. GetAllFileNames()
   - D. GetFiles()

3. Filestream 类在_____命名空间中。
   - A. System.IO
   - B. System.Data
   - C. System.File
   - D. System.Stream

4. System.IO 中用于读/写二进制文件的类分别是_____和_____。

5. 简述文本文件和二进制文件的区别。

6. 接收 10 个数，保存到二进制文件中，再读出显示在文本域中。

第 9 章　多线程应用程序

本章目标

- 了解进程、线程和应用程序域的概念
- 掌握 Thread 类的属性和方法
- 掌握线程的创建和使用
- 了解线程的状态及其相互之间的转换
- 了解线程池的概念
- 熟悉 Timer 控件的使用

9.1 线程概述

对于比较复杂的应用程序，具有同时执行多个任务的能力通常是一个关键因素。这种可以同时执行多个任务的特性是通过多线程来实现的。例如，字处理程序能够在操作文档的同时执行检查拼写操作。.NET Framework 的线程库提供了创建多线程应用程序的支持，整个程序可以异步执行，从而允许更高效的设计和更高的交互响应性。

9.1.1 进程、线程和应用程序域

应用程序在计算机上是以单独的进程运行的，每一个新启动的应用程序都会创建一个新的进程。一个进程至少包含一个执行线程并有独立的地址空间，因此应用程序之间相互隔离，不能直接共享内存。

线程是进程内部的一个执行单元，它是操作系统分配处理器时间的基本单位。从根本上说，线程是由系统调度的一个最简单的代码单元，负责执行包含在进程的地址空间中的程序代码。操作系统将运行时间分配给线程，而不是进程。但是线程不能单独存在，必须存在于一个进程之中，而一个进程至少包含一个线程，即主线程(Sub Main)。线程可以与同一进程中的其他线程共享内存和关联的资源，包括它自己的异常处理程序、任务计划优先级，以及操作系统在给其他线程分配运行时间时保留的该线程的上下文信息等。

.NET Framework 引入了应用程序域的概念。所有程序编译后生成的都是中间代码，而这些中间代码的隔离、加载和卸载以及安全边界的提供都是通过应用程序域来实现的。应用程序域提供安全而通用的处理单元，公共语言运行库可使用它来提供应用程序之间的隔离，从而可以在单个进程中运行几个应用程序域，而不会造成进程间调用或进程间切换等方面的额外开销，这种在一个进程内运行多个应用程序的能力显著增强了服务器的可伸缩性。隔离应用程序对于应用程序安全也是十分重要的，例如，可以在单个浏览器进程中运行几个 Web 应用程序中的控件，同时使这些控件不能访问彼此的数据和资源。

进程、线程和应用程序域的关系如图 9-1 所示。

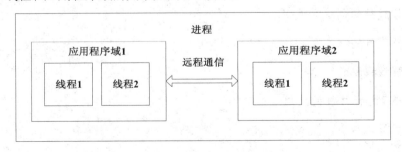

图 9-1 进程、线程和应用程序域的关系

一个进程可以包含一个或多个应用程序域，而一个应用程序域又可以包含一个或多个

线程。这样实际上就相当于在进程和线程之间增加了一个新的安全边界。无论在同一个进程之内还是在不同的进程之间，每个应用程序域之间都是相互无关的，这些不同的应用程序域之间只能通过远程通信来实现消息和对象的传递。

9.1.2 线程限制

操作系统对于每个进程上的线程数量有一个限制，因为每个线程都需要消耗真实的物理资源，保存线程上下文信息需要占用内存，这就意味着可用内存的容量也限制了可能的线程数。在 Windows XP 操作系统上，这个上限大约是 2000 个线程，而实际的上限要比这个数字低得多。

除了内存限制以外，跟踪大量的线程也会增加操作系统的负担，因为操作系统需要在系统的所有活动线程之间定期切换。因此，多线程技术尽管可以提高应用程序的性能和响应能力，但是如果滥用线程，会起到相反的效果，应当只创建所需数量的线程。

下述情况最适合采用多线程技术开发：
◇ 时间密集或处理密集的事务影响了用户界面的响应。
◇ 单独的事务必须等待外部资源，如远程文件或 Internet 连接。

9.1.3 C# 对多线程的支持

.NET Framework 的重要组成部分 CLR 内置支持多线程应用，可以通过 System.Threading 命名空间中的类直接建立多线程应用程序，并且支持线程池等高级功能。.NET 框架下的任何语言都可以利用系统类所提供的对象和方法编写多线程应用程序，而不再需要使用 Win32 API，这简化了多线程应用的开发。

9.2 C# 中多线程的实现

在 C# 中使用 System.Threading.Thread 类来创建和维护线程。通过 Thread 类中提供的属性和方法，可以对线程的状态、优先级进行设置，并调度线程的执行。

9.2.1 线程的创建

通过构造 Thread 类的实例可以创建线程，其语法格式如下：

Thread 线程对象名 = new Thread(委托);

其中："委托"代表要在新线程上执行的过程或方法的名称。例如：

Thread myThread = new Thread(new ThreadStart(myTask));

语句中，myThread 是线程对象名，而 myTask 是线程的执行过程名称。

Thread 类中定义了许多属性和方法，用于对线程进行控制和管理。Thread 类的常用属性及其说明如表 9-1 所示。

表 9-1　Thread 类的常用属性及其说明

属　性	功　能　描　述
IsAlive	线程是否是活动的
IsBackground	用于设置或获取线程是否是后台运行的线程
Name	线程的名称
Priority	用于设置或获取线程的优先级
ApartmentState	用于设置或获取线程的单元状态
ThreadState	线程状态

Thread 类的常用方法及其说明如表 9-2 所示。

表 9-2　Thread 类的常用方法及其说明

方　法	功　能　描　述
Start()	线程开始运行
Sleep()	线程休眠一段时间
Suspend()	挂起线程(当线程到达安全点时暂停进程)
Abort()	当线程到达安全点时停止线程
Resume()	重新启动暂停的进程
Join()	使当前线程等待另一个线程结束。如果设置了超时值，则线程在分配的时间内完成就返回 True

【示例 9.1】　使用 Thread 类实现按钮的运动。

首先创建一个窗体界面，将其命名为 ThreadDemo，并添加一个按钮。然后编辑此窗体的代码，代码如下：

```
public partial class ThreadDemo
{   public ThreadDemo()
    {
        InitializeComponent();
    }
    //声明线程对象
    Thread t1;
    //每次按钮在水平方向上移动的距离
    int movex = 5;
    //窗体加载事件处理过程
    public void ThreadDemo_Load(System.Object sender, System.EventArgs e)
    {   //允许跨线程访问控件
        Control.CheckForIllegalCrossThreadCalls = false;
        //实例化线程对象
        t1 = new Thread(new System.Threading.ThreadStart(ButtonMove));
        //线程启动
        t1.Start();
```

```
        }
        //线程执行的方法
        public void ButtonMove()
        {
            while (t1.IsAlive)
            {   //获取按钮当前位置的x轴坐标
                int x = Button1.Location.X;
                //如果按钮到达窗体的左右边界，则转换方向
                if (x < 0 || x > (this.Width - Button1.Width))
                {
                    movex = System.Convert.ToInt32(-movex);
                }
                //设置按钮的坐标
                Button1.Location = new Point(x + movex, Button1.Location.Y);
                //线程休眠 100 ms
                Thread.Sleep(100);
            }
        }
        //窗体关闭事件处理过程
         public void ThreadDemo_FormClosed(System.Object sender,
            System.Windows.Forms.FormClosedEventArgs e)
        {
            if (t1.IsAlive)
            {   //停止线程
                t1.Abort();
            }
        }
    }
```

上述代码先声明一个线程对象 t1，但还没有实例化，例如：

```
Thread t1;
```

此处将线程的声明放在类体中，而非方法体中，这样线程对象就是窗体级别的，便于窗体中所有事件处理过程和其他过程或函数的访问。

在窗体的加载事件处理过程 ThreadDemo_Load()中先允许跨线程访问控件，否则当线程访问控件时会引发 InvalidOperationException 异常。允许跨线程访问控件只需将 Control 类的 CheckForIllegalCrossThreadCalls 属性值设置为 False，例如：

```
Control.CheckForIllegalCrossThreadCalls = False;
```

实例化线程对象时指定线程的执行方法，当线程启动时会调用该方法并执行，例如：

```
t1 = new Thread(new System.Threading.ThreadStart(ButtonMove));
t1.Start();
```

ButtonMove()是自己定义的线程执行方法，该方法用于实现线程要完成的任务：只要

线程是活动的,改变按钮的坐标,再休眠 100 ms;如此不断反复执行,让按钮运动。

在窗体的关闭事件处理过程 ThreadDemo_FormClosed()中,一定要关闭线程,否则即使关闭窗口,线程也不会停止。调用线程对象的 Abort()方法可以停止线程。运行结果如图 9-2 所示。

图 9-2　运行结果

9.2.2　线程的状态

线程从创建到终止,一般具有以下几个状态:
- Unstarted 状态:未启动状态。
- Running 状态:运行状态。
- Suspended 状态:暂停状态。
- Stopped 状态:线程终止并销毁状态。

当一个线程刚被创建时,它处在 Unstarted 状态,调用 Thread 类的 Start()方法将使线程状态变为 Running 状态;如果不调用相应的方法使线程挂起、阻塞、销毁或者终止,则线程将一直保持 Running 状态直到执行完毕。当调用 Sleep()方法使线程休眠或调用 Suspend()方法挂起线程,线程将处于 Suspended 状态,直到调用 Resume()方法使其重新执行,此时线程将重新变为 Running 状态。一旦调用 Abort()方法终止线程,或者线程执行完毕,线程都将处于 Stopped 状态,处于 Stopped 状态的线程将被销毁,不复存在。线程状态及其相互转换如图 9-3 所示。

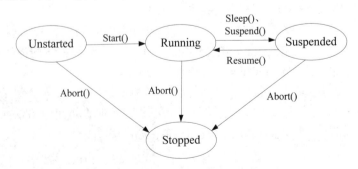

图 9-3　线程状态及其相互转换

线程的状态是由 System.Threading.Thread.ThreadState 属性来定义的。线程还有一个 Background 状态,它表明线程运行在前台还是后台。此状态可以通过设置 Thread.IsBackground 属性来获取或者设置。

 在代码中任何情况下都不应使用 ThreadState 属性来同步线程的活动。

9.2.3 线程的优先级

不同的线程具有不同的优先级,而优先级决定了线程能够得到多少 CPU 时间。高优先级的线程通常会比一般优先级的线程得到更多的 CPU 时间,如果程序中存在不止一个高优先级的线程,操作系统将在这些线程之间循环分配 CPU 时间。一旦低优先级的线程在执行时遇到了高优先级的线程,将让出 CPU 给高优先级的线程。

通过设置线程的 Priority 属性可以指定线程的优先级。在 C# 中,ThreadPriority 枚举了线程的不同优先级别,如表 9-3 所示。

表 9-3 ThreadPriority 枚举类型中的成员

成 员	功 能 描 述
Highest	最高等级
AboveNormal	高于普通等级
Normal	普通等级(默认等级)
BelowNormal	低于普通等级
Lowest	最低等级

下面的语句将线程对象的优先级设置为 AboveNormal:

```
myThread.Priority= ThreadPriority.AboveNormal;
```

9.2.4 线程池

在应用程序中使用多线程操作能优化应用程序性能,但是多线程往往需要花费更多的代码和精力去控制线程以及实现线程之间的切换和状态转换。使用线程池则可以自动完成这些工作,同时还可以优化计算机的访问性能,从而更加有效地利用多线程的优势。

使用 ThreadPool 类可以实现线程池。通过调用线程池的 QueueUserWorkItem()方法可以对线程进行任务排队。该方法的参数可以是 WaitCallback 类的对象。

使用线程池启动多个任务的代码如下:

```
ThreadPool.QueueUserWorkItem(new WaitCallback(void (object) target1));
ThreadPool.QueueUserWorkItem(new WaitCallback(void (object) target2));
```

其中,target1 和 target2 是参数为 object 并且范围值为 void 的方法。

线程池并不是在所有的情况下都适用,例如,当需要特定优先级的线程时就不应当使用线程池。

9.2.5 线程组件

.NET 框架中提供了线程组件,可以方便、快捷地完成某些多线程任务,且代码非常简单。本节将介绍 Timer 组件。

Timer 组件位于 System.Timers 命名空间,称为服务器计时器。服务器计时器是为在多线程环境下与辅助线程一起使用而设计的,因此可以在线程之间移动来处理引发的事件。

创建 Timer 组件的实例有两种方法:一是将 Timer 组件添加到工具箱中;二是通过代码创建。

(1) 要将 Timer 组件添加到工具箱中,首先选择 "工具" → "选择工具箱项" 菜单,在打开的 "选择工具箱项" 窗口的 ".NET Framework 组件" 选项卡中,选择 "System.Timers" 命名空间中的 "Timer" 复选框,如图 9-4 所示。

图 9-4 "选择工具箱项" 对话框

单击 "确定" 按钮后,该组件将出现在工具箱中。之后,直接将 Timer 图标拖动到窗体上,即可为该窗体添加一个服务器计时器。

(2) 用编程方式创建 Timer 组件的实例,代码如下:

```
System.Timers.Timer myTimer = New System.Timers.Timer()
myTimer.Interval = 3000
myTimer.Enabled = True
```

Timer 组件的几个常用属性及其说明如表 9-4 所示。

表 9-4 Timer 组件的常用属性及其说明

属 性	功 能 描 述
Interval	设置计时器间隔,单位为 ms
Enabled	指示是否启用计时器,以定义的时间间隔触发事件
AutoReset	指示计时器是否在启动后重新启动。当 AutoReset 设置为 False 时,Timer 只在第一个 Interval 过后引发一次 Elapsed 事件。若要保持以 Interval 时间间隔引发 Elapsed 事件,应将 AutoReset 设置为 True

Timer 组件的常用方法及其说明如表 9-5 所示。

表 9-5　Timer 组件的常用方法及其说明

方　法	功　能　描　述
Start	通过将 Enabled 设置为 True 开始引发 Elapsed 事件
Stop	通过将 Enabled 设置为 False 停止引发 Elapsed 事件
Close	释放由 Timer 占用的资源

Timer 组件的常用事件及其说明如表 9-6 所示。

表 9-6　Timer 组件的常用事件及其说明

事　件	功　能　描　述
Elapsed	间隔已过时触发该事件

【示例 9.2】 使用 Timer 组件在界面中实时报时，且不断改变字的颜色。

首先创建如图 9-5 所示的窗口界面，将其命名为"TimerDemo"，在此界面中添加一个 Timer 控件。

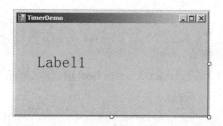

图 9-5　"TimerDemo"界面

此窗体的程序代码如下：

```
public partial class TimerDemo
{
    public TimerDemo()
    {
        InitializeComponent();
    }
    //定义一个随机对象
    Random r = new Random();
    public void TimerDemo_Load(System.Object sender, System.EventArgs e)
    {   //设置 Timer 控件的时间间隔为 1000 ms，即每隔 1 秒钟触发一次事件
        Timer1.Interval = 1000;
        Timer1.Enabled = true;
```

```
        Timer1.AutoReset = true;
    }
    public void Timer1_Elapsed(System.Object sender, System.Timers.ElapsedEventArgs e)
    {
        lblTime.Text = DateTime.Now.ToString();
        lblTime.ForeColor = Color.FromArgb(r.Next(256), r.Next(256), r.Next(256));
    }
    public void TimerDemo_FormClosed(System.Object sender,
            System.Windows.Forms.FormClosedEventArgs e)
    {
        Timer1.Close();
    }
}
```

上述代码中，定义了一个 Random 类的对象，该类的 Next()方法可以产生随机数。例如：

r.Next(256);

将产生一个小于 256 的非负整数。

在窗体的加载事件处理方法 TimerDemo_Load()中，设置 Timer 的时间间隔为 1 秒。例如：

Timer1.Interval = 1000;

即每隔 1 秒钟，Timer 触发一次 Elapsed 事件。在该事件处理过程 Timer1_Elapsed()中，先调用 Data 类的 Now 属性可以获取系统的当前时间，并在标签中显示。例如：

lblTime.Text = Date.Now.ToString();

Color 类的 FormArgb()方法可以根据指定的红、绿、蓝色值产生一个颜色对象，因为每种颜色的色值范围是 0～255，因此调用随机类对象的 Next()方法参数为 256。设置标签的 ForeColor 属性可以改变字的颜色。例如：

lblTime.ForeColor = Color.FromArgb(r.Next(256), r.Next(256), r.Next(256));

在窗体的关闭事件处理过程中，调用 Timer 控件的 Close()方法释放该控件资源。例如：

Timer1.Close();

运行后，时间和字体颜色每隔 1 秒钟就变化一次，如图 9-6 所示。

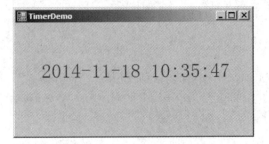

图 9-6 TimerDemo 运行结果

本 章 小 结

通过本章的学习，学生应该能够掌握：
- 进程拥有自己的内存空间和系统资源，进程之间不能直接共享内存。
- 线程是进程内部的一个执行单元，它是操作系统分配处理器时间的基本单位。
- 线程不能单独存在，必须拥有一个所有者进程。
- 一个进程至少包含一个线程，即主线程(Sub Main)。
- 线程可以与同一进程中的其他线程共享内存和关联的资源。
- 应用程序域提供安全而通用的处理单元，公共语言运行库可使用它来提供应用程序之间的隔离。
- System.Threading.Thread 类用于创建和维护线程。
- 线程从创建到终止，一般包括 Unstarted 状态、Running 状态、Suspended 状态和 Stopped 状态。
- 线程的 Priority 属性用于指定线程的优先级。
- ThreadPool 类可以实现线程池。
- Timer 控件称为计时器，可以每隔指定时间触发一次事件。

本 章 练 习

1. Thread 类在_____命名空间中。
    A. System.Threads
    B. System.Threading
    C. System.Thread
    D. System.Running
2. 让线程开始运行的方法是_____。
    A. Run()
    B. Suspend ()
    C. Start()
    D. Resume
3. 让线程休眠 1 分钟的是_____。
    A. Thread.Sleep(1)
    B. Thread.Sleep(60)
    C. Thread.Sleep(1000)
    D. Thread.Sleep(60000)
4. 将线程设置成最高优先级，应将 Priority 属性值设置为_____。
    A. ThreadPriority. Highest
    B. ThreadPriority. AboveNormal
    C. ThreadPriority. Lowest

D. ThreadPriority.Normal
5. Timer 组件位于_____命名空间。
   A. System.Web.UI
   B. System.Windows.Forms
   C. System.Timers
   D. System.Windows
6. 简述线程、进程和应用程序域之间的区别和联系。
7. 创建窗体，其中放置一个 Label 控件，要求运行后每隔 1 秒钟在 Label 中追加一个随机的字符。

第 10 章 .NET4.0 的新特性

📖 本章目标

- 掌握推断类型的使用
- 掌握扩展方法的定义和调用
- 掌握对象初始化器的使用
- 掌握匿名类的使用
- 了解 Lambda 表达式
- 掌握 LINQ 查询
- dynamic 新关键词
- 可选或默认参数
- 命名参数

10.1 推断类型

C# 4.0 新增了推断数据类型，可以使用 var 关键字来声明变量，编译器在编译时会根据初始化数据推断变量的数据类型，例如：

```
int num1 = 3          //使用显式类型声明
var num2 = 3          //使用推断类型声明
```

其中，第 1 行代码中变量 num1 显式声明为 int 类型；而第 2 行代码中变量 num2 则使用 var 关键字来进行声明，编译器根据表达式"3"的值来推断其类型应为 int。

下面的代码演示创建一个整数数组的两种等效方式：

```
int[] someNumbers1 = New int[]{4,18,11,9,8,0,5}     //使用显式类型声明
var someNumbers2 = New int[]{4,18,11,9,8,0,5}       //使用推断类型
```

【示例 10.1】 使用推断数据类型进行数组的定义和遍历。

创建类 ConcludeDemo.cs 并编写代码如下：

```csharp
public class ConcludeDemo
{
    static public void Main()
    {
        //使用推断类型定义一个整型变量 total
        var total = 0;
        //使用推断类型定义一个整型数组 a
        var a = new int[] {4, 18, 11, 9, 8, 10, 5};
        //遍历数组并求和
        foreach (var e in a)
        {
            total += e;
            Console.WriteLine(e);
        }
        Console.WriteLine("和：" + total);
    }
}
```

上述代码使用 foreach 语句遍历数组时，编译器会推断出变量 e 的数据类型为 int，因为 a 是一个整型数组，运行结果如图 10-1 所示。

在使用 var 声明变量时，一定要对变量初始化，并且一旦初始化完成则数据类型确定下来，不能再修改，否则编译会出错。

图 10-1　遍历数组

10.2　扩展方法

使用扩展方法可以从某个数据类型外部向该类型添加方法，扩展方法可以像该数据类型的普通实例方法那样进行调用。

定义扩展方法的格式如下：

```
[访问符] static 返回类型 扩展方法名(this 参数)
{
    方法体
}
```

其中：
- ◇ 扩展方法只能声明在静态类中。
- ◇ 扩展可以继承，对于 System.Object 的扩展将被所有类继承。
- ◇ 扩展方法定义中的第一个参数必须以 this 关键字进行修饰。
- ◇ 扩展方法只能对方法进行扩展，不支持属性、事件等。

【示例 10.2】　定义扩展方法并调用。

首先创建类 StringExtensions.cs，定义一个 String 类型的 Print()扩展方法，代码如下：

```
public static class StringExtensions
{
    public static void Print(this string str)
    {
        Console.WriteLine("String 的扩展方法：" + str);
    }

    public static void PrintAndPunctuate(this string str, string punc)
    {
        Console.WriteLine(str + punc);
    }
}
```

其中，Print()方法的参数 str 将确保方法扩展 String 类；运行方法时，第一个参数将被绑定到调用该方法的数据类型的实例。

创建类 Module1.cs 并编写代码如下：

```
public class Module1
{
    static public void Main()
    {
        string example = "Hello";
        //调用 String 类型的扩展方法 Print()
        example.Print();
        //调用 String 的普通的实例方法
        Console.WriteLine(example.ToUpper());
        //调用带参数的扩展方法
        example.PrintAndPunctuate(".");
    }
}
```

程序运行结果如图 10-2 所示。

图 10-2　扩展方法运行结果

扩展方法允许对已存在类型的行为进行扩展，包括类(引用类型)、结构(值类型)、接口、委托和数组。

扩展方法还可以带多个参数，例如：

```
public static void PrintAndPunctuate(this string str, string punc)
{
    Console.WriteLine(str + punc);
}
```

上述代码中 PrintAndPunctuate()同样是对 String 的扩展，它带两个参数，第一个参数 str 确保扩展方法扩展 String；第二个参数 punc 在调用方法时需要以实参形式传入。下面的代码调用了此扩展方法：

example.PrintAndPunctuate(".");

 调用扩展方法时，不要为第一个参数赋值，因为第一个参数将被绑定到调用该方法的数据类型的实例。

另外，如果存在相同的实例方法和扩展方法，则无法访问扩展方法，即扩展方法无法替换现有实例方法。但是，如果扩展方法与实例方法的名称相同而参数不同，则允许使用这两个方法。

【示例 10.3】 扩展方法与实例方法并存。

创建类 ExtensionDemo.cs 并编写代码如下：

```csharp
public class ExtensionDemo
{
    static public void Main()
    {
        ExampleClass ex = new ExampleClass();
        //调用实例方法
        ex.Print();
        //调用扩展方法
        ex.Print("Hello");
    }
}
public class ExampleClass
{
    //定义实例方法
    public void Print()
    {
        Console.WriteLine("实例方法");
    }
}
static class ExtensionA
{
    //定义扩展方法
    public static void Print(this ExampleClass ex, string str)
    {
        Console.WriteLine("扩展方法：" + str);
    }
}
```

上述代码中定义的 ExampleClass 类包含一个不带参数的 Print()方法，所以定义带参数的扩展方法 Print()是可以的。程序运行结果如图 10-3 所示。

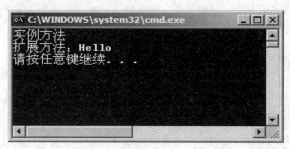

图 10-3　同名的实例方法和扩展方法

扩展方法的优先级低于同名的类方法；扩展方法只在特定的命名空间内有效；除非必须否则不要滥用扩展方法。

10.3 对象初始化器

对象初始化器提供了一种初始化对象的简单方式，可以在单个语句中调用类的构造函数并设置属性的值。编译器为该语句调用适当的构造函数，如果未提供任何参数，则调用默认构造函数；如果传递了一个或多个参数，则调用对应的有参构造函数。在此之后，指定的属性会按照其在初始值设定项列表中出现的顺序进行初始化。

下面一条语句使用对象初始化器初始化 Customer 类的对象：

```
Customer cust = new Customer{Name = "Toni Poe", City = "Louisville"};
```

对象初始化器还可以嵌套，例如：

```
Customer cust = new Customer()
{
    Name = "zhangsan",
    Addr = new Address
    {
        City = "Qingdao",
        Street = "xianggangzhonglu"
    },
    Age = 20
};
```

上述语句中，AddressClass 是具有两个属性(City 和 Street)的类，而 Customer 类具有 Address 属性，该属性是 AddressClass 的实例。

使用对象初始化器进行初始化时需要注意以下几点：

- ◇ 初始化列表不能为空。
- ◇ 初始化的类成员不能为对象类型。
- ◇ 初始化的类成员不能为索引成员或私有成员。

【示例 10.4】 使用对象初始化器完成对象初始化。

创建类 InitDemo.cs 并编写代码如下：

```
public class InitDemo
{
    public static void Main()
    {
        Customer cust = new Customer()
        {
            Name = "zhangsan",
            Addr = new Address
            {
```

```
                City = "Qingdao",
                Street = "xianggangzhonglu"
            }
            Age = 20
        }
        cust.Print();
    }
}
public class Address
{
    public string City;
    public string Street;
}
public class Customer
{
    public string Name;
    public Address Addr;
    public int Age;
    public void Print()
    {
        Console.WriteLine("客户：" + Name);
        Console.WriteLine("地址：" + Addr.City + " " + Addr.Street);
        Console.WriteLine("年龄：" + Age.ToString());
    }
}
```

上述代码中，Customer 类的 Addr 是 Address 类的对象，因此在初始化时需要嵌套。此外需要注意，Customer 类的私有成员 c 不能使用初始化器进行初始化。程序运行结果如图 10-4 所示。

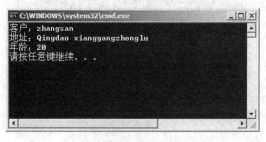

图 10-4　对象初始化器运行结果

10.4　匿名类

使用匿名类可以不对类进行定义而直接创建实例，编译器会根据声明时指定的属性来创建类的定义。匿名类没有名称，它继承 Object，包含在声明时所指定的属性。

下面代码创建一个匿名类实例对象 anonyProduct，它具有两个属性：Name 和 Price：

var anonyProduct = New {Name = "paperclips", Price = 1.29};

判断两个匿名类的实例相等的条件是类型相同、键属性的值相等并且顺序相同。

【示例 10.5】 创建匿名类对象，并在控制台输出对象属性和对象比较结果。

创建类 AnonymityDemo.cs 并编写代码如下：

```
public class AnonymityDemo
{
    static public void Main()
    {
        var p1 = new { Name = "电视", Price = 2000, Addr="青岛" };
        var p2 = new { Name = "电视", Price = 2000};
        Console.WriteLine("p1: " + p1.Name + " " + p1.Price);
        Console.WriteLine("p2: " + p2.Name + " " + p2.Price);
        Console.WriteLine(p1.Equals(p2));
        var p3 = new { Name = "电视", Price = 2000 };
        Console.WriteLine("p3: " + p3.Name + " " + p3.Price);
        Console.WriteLine(p2.Equals(p3));
    }
}
```

上述代码定义了 3 个匿名类对象 p1、p2 和 p3，其中 p2 和 p3 是相等的。程序运行结果如图 10-5 所示。

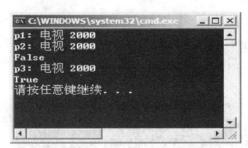

图 10-5 AnonymityDemo 运行结果

匿名类的名称由编译器生成，并可能随编译器的不同而不同。代码不应使用或依赖于匿名类的名称，因为重新编译项目时，该名称可能改变。

10.5 Lambda 表达式

Lambda 表达式是一种匿名函数，用于计算并返回单个值，可在委托类型有效的任何地方使用。

C# 中的 Lambda 表达式使用运算符 "=>"，该运算符读为 "goes to"。语法如下：

形参列表=>函数体

下面给出 Lambda 表达式的一些例子：

```
x=>x+1              //以表达式作为 Lambda 表达式
x=>{return x+1}     //以语句块作为 Lambda 表达式
(x,y)=>x*y          //多个参数
```

下面是对该函数进行调用的代码：

```
int[] numbers = new int[] {12, 4, 31, 22, 27, 14, 6, 29};
int[] num2 = numbers.Where<int>(n=>n>20).ToArray();
```

10.6 LINQ 查询

LINQ 为 C# 添加了功能强大的查询功能，提供了用于处理各种数据的简单操作方式。

使用 LINQ 可以从 SQL Server 数据库、XML、内存中数组和集合、ADO.NET 数据集或任何其他支持 LINQ 的远程及本地数据源中查询数据。

10.6.1 LINQ 简介

LINQ(Language Integrated Query)是语言集成查询的简称，MicroSoft 宣称 LINQ 在对象领域和数据领域之间架起了一座桥梁。

查询是从数据源检索数据的表达式，查询通常用专门的查询语言来表示。随着开发工具和方法的不断发展，人们已经为各种数据源开发了不同的语言，如用于查询关系数据库的 SQL 和用于访问 XML 数据的 DOM 或者 XQuery。因此，开发人员在访问不同的数据源时被动使用不同的编程模型。而 LINQ 通过提供一种跨各种数据源和数据格式的一致模型，简化了这一情况，将数据访问技术向前推进了一大步。

LINQ 是一个编程模型，无论是访问文件、XML、数据库、注册表、事件日志、活动目录，还是第三方的数据，都可以使用统一的方法进行访问。LINQ 可以与所有不同形态、不同大小的数据一起工作，允许在所有这些数据上执行查询、设置和转换。而且 LINQ 是集成在 .NET 编程语言中的一种特性，已经成为编程语言的一个组成部分。这样，在编写程序时就可以得到很好的编译期语法检查、丰富的元数据、智能感知、静态类型等强类型语言的好处，并且还可以方便地对内存中的信息进行查询而不仅仅只是外部数据源。

事实上，.NET4.0 在语言方面的新特性，包括扩展方法、匿名类型、Lambda 表达式、查询表达式等，大部分都是为了支持 LINQ 而做出的。虽然它们在其他某些情况下也可能很有用，但迄今为止，这些新特性还是更多地被用于 LINQ。

LINQ 由四部分组成：LINQ to Objects、LINQ to SQL、LINQ to DataSet 和 LINQ to XML，如图 10-6 所示。

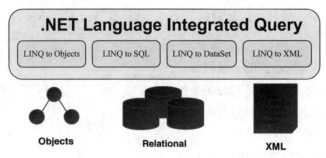

图 10-6 LINQ 组成

1. LINQ to Objects

LINQ to Objects 可以查询内存中的集合和数组，还可以从任何实现了 IEnumerable 接口的对象中查询数据。

2. LINQ to SQL

LINQ to SQL 可以查询和修改 SQL Server 数据库中的数据，这样就可以轻松地将应用程序的对象模型映射到数据库的关系模型。C# 通过包含对象关系设计器(O/R 设计器)使 LINQ to SQL 更加易于使用，此设计器用于在应用程序中创建映射到数据库的对象模型。O/R 设计器还提供了将存储过程和函数映射到 DataContext 对象的功能，DataContext 对象负责管理与数据库的通信，并存储开放式并发检查的状态。

3. LINQ to DataSet

LINQ to DataSet 可以查询和更新 ADO.NET 数据集中的数据。可以将 LINQ 功能添加到使用数据集的应用程序中，以便简化和扩展对数据集中的数据进行查询，聚合和更新的功能。

4. LINQ to XML

LINQ to XML 可以查询和修改 XML。可以修改内存中的 XML，也可以从文件加载 XML 以及将 XML 保存到文件。

10.6.2 LINQ 查询步骤

所有 LINQ 查询操作都有如下 3 个步骤：
(1) 获取数据源：指定数据源是数据库、XML 还是普通的集合。
(2) 创建查询：根据用户要求和 LINQ 的查询语法，设置查询语句。
(3) 执行查询：从指定的数据源中找到符合条件的数据。

【示例 10.6】 使用 LINQ 对数组内容进行查询。

创建类 LinqToObjects.cs 并编写代码如下：

```
public class LinqToObjectsDemo
{
    public static void Main()
    {         //1.定义 int 类型的数组(新建数据源)
```

```
            int[] numbers = new int[] {-12, 0, 31, 22, 27, 14, 6};
            //2.创建查询
            var numQuery = from n in numbers
            where n > 0 && n % 2 == 0
            select n;
            //3. 执行查询
            foreach (var num in numQuery)
            {
                    Console.WriteLine(num);
            }
        }
}
```

从上述代码可以看到整个查询分为 3 步：新建数据源、创建查询和执行查询。其中，数据源是一个整型的数组；numQuery 是一个查询变量，并使用 From 子句、Where 子句和 Select 子句创建了一个查询。需要注意的是，查询变量本身只是存储查询命令，如果不遍历访问查询结果，是不会真正执行查询的，即程序在执行"foreach"语句时，numQuery 才会根据创建的查询从数据源中获取数据。

 定义查询后，查询直到需要枚举结果时才被真正执行，这种方式称为"延迟执行(deferred execution)"。

使用查询数组中大于 0 且是偶数的数据，运行结果如图 10-7 所示。

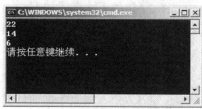

图 10-7 查询数组结果

10.6.3 LINQ 查询关键字

LINQ 是一门查询语言，和 SQL 类似，也是通过一些关键字的组合实现最终的查询。LINQ 查询常用的关键字如表 10-1 所示。

表 10-1 LINQ 查询关键字

关 键 字	功 能 描 述
from 子句	指定数据源或范围变量
where 子句	指定条件，用来筛选数据源
select 子句	执行查询后，返回元素所包含的内容
group by 子句	对查询结果进行分组
orderby 子句	对查询结果进行排序
join 子句	根据指定条件连接两个数据源
into 关键字	用于创建一个临时标识符，存放 Group、Join 或 Select 子句的结果
let 子句	用于存储查询表达式中子表达式结果

1. from 子句

LINQ 查询语句必须以 from 子句开始，后面紧跟要查询的数据源。from 子句的语法格式如下：

```
from element In collection
```

其中：

- element 是必需的，这是一个范围变量，用于循环访问集合的元素，必须为可枚举类型。该范围变量用于在查询循环访问 collection 时，引用 collection 的每个成员。
- collection 是必需的。这是引用要查询的集合，必须为可枚举类型。

例如：

```
var numQuery = from num in numbers
……
```

其中，num 是一个范围变量，表示数据源中的每个元素。范围变量只是提供了语法上的便利，使查询能够描述执行时将发生的事情。

2. where 子句

where 子句根据指定的条件对数据源中数据进行筛选，返回那些表达式结果为 True 的元素。where 子句的语法格式如下：

```
where condition
```

其中：

- condition 是一个表达式，该表达式的计算结果必须为 Boolean 值或 Boolean 值的等效值。如果条件的计算结果为 True，则在查询结果中包含该元素；否则从查询结果中排除该元素。

一个查询表达式可以包含多个 where 子句。例如：

```
var numQuery = from num in numbers _
    where num > 0
    where num % 2 == 0
    select num
```

该语句查询 number 数组中大于 0 且是偶数的数，此处用两个 where 子句来实现。

3. select 子句

select 子句用于选择数据，指定所返回元素的形式和内容。例如，可以指定结果包含的是整个 Customer 对象、仅一个 Customer 属性、属性的子集、来自不同数据源的属性的组合，还是一些基于计算的新结果类型。select 子句的语法格式如下：

```
select element
```

例如：

```
var londonCusts3 = from cust in customers _
    where cust.City = "London"
    select cust
```

LINQ 查询语句在很多情况下使用比较方便,但是 LINQ 查询语句必须以 Select 子句或 Group 子句结束。

4. group by 子句

group by 子句可以根据元素的一个或多个字段对查询结果中的元素进行分组。

group by 子句的语法格式如下:

```
group [ listField1 [, listField2 [...] ] by keyExp1 [, keyExp2 [...] ]
```

其中:

- ◇ listField1、listField2 是可选的,用于指明查询变量的一个或多个字段,这些查询变量显式标识要包括在分组结果中的字段。如果未指定任何字段,则查询变量的所有字段都包括在分组结果中。
- ◇ keyExp1 是必需的,这是一个表达式,标识用于确定元素的分组的键。可以指定多个键来形成一个组合键。
- ◇ keyExp2 是可选的,是一个或多个附加键,与 keyExp1 组合在一起,创建一个组合键。

例如,下面的代码按年级对学生进行分组。

```
var studentsByYear = from student in students
    group student by student.Year;
foreach(var yearGroup in studentsByYear)
{
    Console.WriteLine("Year: " + yearGroup.year);
    foreach(var student in yearGroup)
    {
        Console.WriteLine("Name:"+student.Name);
    }
}
```

5. orderby 子句

orderby 子句可以根据元素的一个或多个字段对查询结果中的元素进行排序。

orderby 的语法格式如下:

```
orderby orderExp1 [ Ascending | Descending ] [, orderExp2 [...] ]
```

其中:

- ◇ orderExp1 是必需的,这是当前查询结果中的一个或多个字段,用于标识对返回值进行排序的方式,字段名称必须以逗号(,)分隔。
- ◇ Ascending 或 Descending 关键字指定对每个字段进行升序或降序排序。如果未指定 Ascending 和 Descending 关键字,则默认排序顺序为升序。
- ◇ 排序字段的优先级从左到右依次降低。

例如:

```
var londonCusts5 = from cust in customers
    where cust.City = "London"
```

```
orderby cust.Name Ascending
select new {Name = cust.Name, Phone = cust.Phone}
```

LINQ to DataSet 和 LINQ to XML 的内容请参见实践篇。

10.7　dynamic 新关键词

在 .NET4.0 中，dynamic 关键词是一个很重要的特性，用它可以创建动态对象并在运行时再决定它的类型。.NET4.0 为 CLR 加入了一组为动态语言服务的运行时，称为 DLR(Dynamic Language Runtime，动态语言运行时)，提高了不同语言之间的互操作性。

例如：

```
dynamic dyn = 1;
Console.WriteLine(dyn.GetType());
dyn = 1.234;
Console.WriteLine(dyn.GetType());
dyn = "hollowrod";
Console.WriteLine(dyn.GetType());
```

程序运行结果如图 10-8 所示。

图 10-8　使用 dynamic

10.8　可选或默认参数

在 .NET4.0 中，可以在定义方法的时候为参数指定一个默认值。调用方法的时候可以像平时那样传入参数，也可以直接跳过不传入参数，这样就会使默认值传到方法里。

【示例 10.7】 使用默认参数。创建类 DefaultParam.cs 并编写代码如下：

```
public class DefautParam
{
    public static void Main(string[] args)
    {
        TestMethod(3);
    }
```

```
public static void TestMethod(int id,string name="张三")
{
    Console.WriteLine("id:{0},name:{1}",id,name);
}
}
```

程序运行结果如图 10-9 所示。

图 10-9　使用默认参数

10.9　命名参数

在之前版本的 C# 中，方法定义的参数必须与方法调用时参数顺序一致，而现在，这个规矩可以被打破了，可以随便什么顺序传入，这在一定程度上提高了代码的可读性。

【示例 10.8】 演示命名参数的使用。

创建类 NameingParamDemo.cs 并编写代码如下：

```
public class NameingParamDemo
{
    public static void Main(string[] args)
    {
        TestMethod(str:"李四");
    }

    public static void TestMethod(int id=4, string str = "张三")
    {
        Console.WriteLine("id:{0},name:{1}", id, str);
    }
}
```

运行结果如图 10-10 所示。

图 10-10　使用命名参数

本 章 小 结

通过本章的学习，学生应该能够掌握：
- 推断数据类型声明变量时使用关键字 var，编译器通过初始化表达式的类型来推断出变量的类型。
- 使用扩展方法可以从某个数据类型外部向该类型添加方法，扩展方法可以像该数据类型的普通实例方法那样进行调用。
- 对象初始化器提供了一种简单的、对类的对象进行初始化的方式，它可以在单个语句中调用类的构造函数并设置属性的值。
- 使用匿名类可以不对类进行定义而直接创建实例，编译器会根据声明时指定的属性来创建类的定义。
- LINQ(Language Integrated Query)是语言集成查询的简称。
- LINQ 查询分为三步：新建数据源、创建查询和执行查询。
- LINQ 查询常用的关键字如：from 子句、where 子句、select 子句、group by 子句、orderby 子句。
- 能够使用 dynamic、可选参数和命名参数。

本 章 练 习

1. 在 C# 中，正确的推断类型是_____。
    A. var int = 3
    B. int num = 3
    C. num=3
    D. string num=3
2. _____不属于 LINQ 的组成部分。
    A. LINQ to Objects
    B. LINQ to SQL
    C. LINQ to Data
    D. LINQ to XML
3. LINQ 查询语句必须以_____子句开始，以_____或_____子句结束。
4. 使用匿名类定义一个学生对象，学生有姓名、年龄、性别和地址。

实践篇

实践 1 C#概述

实践指导

实 践 1.1

Visual Studio 2010 是微软提供的一个全面集成的 .NET 框架开发环境,在该环境下可以编写、编译、调试 C# 程序代码,还可以将代码编译为程序集进行发布。

【分析】

(1) Visual Studio 2010 是基于 .NET4.0 一起推出的新一代的开发平台。

(2) Visual Studio 是一套完整的开发工具,它支持四种语言:Visual Basic、Visual C++、Visual C# 和 Visual F#。通过 .NET Framework,这些语言可以共享工具且有助于创建混合语言解决方案。

(3) Visual Studio 2010 需要安装在 Windows 操作系统中,并且对系统的硬件性能及兼容性有一定的要求。具体的硬件性能及配置要求如表 S1-1 所示。

表 S1-1 Visual Studio 2010 安装的配置要求

硬件名称	配 置 要 求
CPU	1.6 GHz 以上
RAM 内存	1 GB 以上
可用硬盘空间	3 GB 以上可用硬盘空间,5400 RPM 以上硬盘驱动器
操作系统	Windows 2003、Windows XP、Windows 2008、Windows Vista、Windows 7

【参考解决方案】

(1) 下载 Visual Studio 2010 安装文件。

从微软的官方网站 http://www.microsoft.com 下载 Visual Studio 2010 安装文件,获取 cn_visual_studio_2010_professional_x86_dvd_532145.iso 映像文件(试用版)。

(2) 安装 DAEMON 虚拟光驱软件。

后缀为 ".iso" 的映像文件需要使用虚拟光驱软件映像成光盘,因此先安装 DAEMON 虚拟光驱软件。运行安装文件如图 S1-1 所示,单击 "下一步" 按钮,直至安装完成。

(3) 使用 DAEMON 将安装文件进行映像。

如图 S1-2 所示,右击 DAEMON 工具→"虚拟 CD/DVD-ROM"→"设备"→"装载

映像",将弹出如图 S1-2 所示的选择映像文件的窗口。

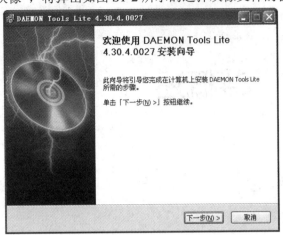
图 S1-1 安装界面

图 S1-2 装载映像

选择 cn_visual_studio_2010_professional_x86_dvd_532145.iso 映像文件,单击"打开"按钮,将安装文件进行映像,如图 S1-3 所示。

图 S1-3 选择映像文件

将 ISO 文件映像后,打开"我的电脑",可以看到如图 S1-4 所示的光盘,此光盘就是 Visual Studio 2010 的安装光盘。

图 S1-4 加载完成界面

(4) 安装 Visual Studio 2010。

在 Visual Studio 2010 的安装光盘中,找到 Setup 可执行文件,双击该文件,弹出如图

实践 1　C# 概述

S1-5 所示的 Visual Studio 2010 安装程序向导页面。

选中"安装 Visual Studio 2010"进行安装，将显示如图 S1-6 所示的"选项页"窗口。

图 S1-5　安装向导

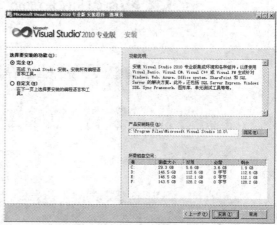
图 S1-6　选择安装内容及安装位置

在"选择项"窗口中选择"完全"安装，并指定安装路径。设置完毕后，再单击"安装"按钮，将显示图 S1-7 所示的"安装页"窗口。此时系统将自动安装 Visual Studio 2010 的所有组件，直到安装结束，整个过程不再需要用户的操作。

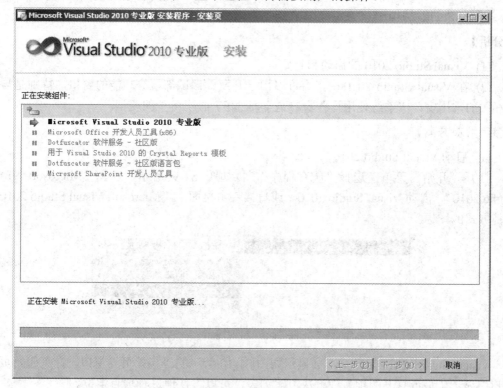
图 S1-7　安装界面

如图 S1-8 所示，也可通过 Setup 可执行文件，在安装之后进行功能修改，或者安装 MSDN 文档。

图 S1-8　安装完成

实 践 1.2

Visual Studio 2010 开发 IDE 工具介绍。

【分析】

(1) Visual Studio 2010 的启动和起始页。

(2) 在 Visual Studio 2010 中，有许多用于开发、调试部署等功能的窗口，特别是与开发相关的常用窗口，熟练使用这些窗口是学习 .NET 必不可少的要素。

【参考解决方案】

(1) 启动 Visual Studio 2010。

打开"开始"菜单，选择"所有程序"，再如图 S1-9 所示，选择"Microsoft Visual Studio 2010"，启动 Visual Studio 2010。或直接双击桌面上"Microsoft Visual Studio 2010"快捷方式的图标。

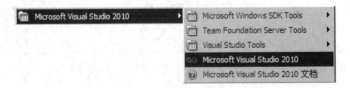

图 S1-9　启动程序

Visual Studio 2010 启动后，会显示如图 S1-10 所示的"起始页"窗口。在"起始页"窗口中显示了最近打开的项目或解决方案列表，可以方便地进行项目定位。

 注意　如果是第一次启动 Visual Studio 2010，将首先显示一个选择开发语言的窗口，选择 C# 语言进行设定后，才会显示起始页。

实践 1　C# 概述

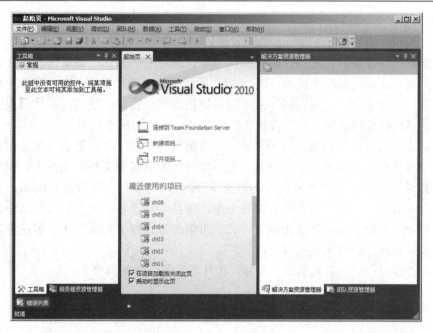

图 S1-10　"起始页"窗口

(2) Visual Studio 2010 的主界面。

Visual Studio 2010 的主界面由解决方案资源管理器、编辑器和设计器、工具箱、工具栏、属性窗口等组成，如图 S1-11 所示。

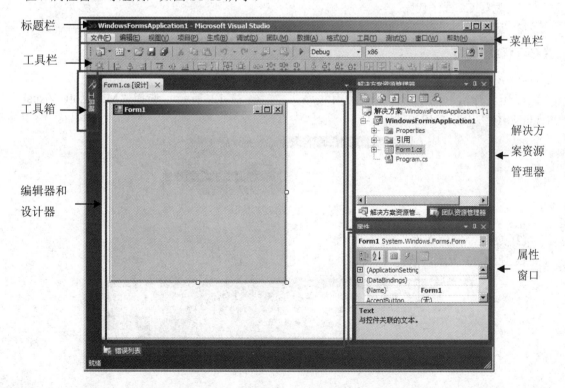

图 S1-11　主界面

其中：
- ◇ 工具箱：提供了开发 Visual Studio 项目的各种工具组件。
- ◇ 编辑器和设计器：是用户编辑源代码和设计界面的窗口。编辑器和设计器通常有设计和代码两个视图。图 S1-11 所示为图形设计视图，在此窗口中单击鼠标右键选择"查看代码"命令即可切换到代码视图；反之，在代码视图中单击鼠标右键选择"查看设计器"命令又可切换回设计视图。
- ◇ 解决方案资源管理器：用于显示解决方案及其中的项目。解决方案是创建一个应用程序所需要的一组项目，包括项目所需的各种文件、文件夹、引用和数据链接等。通过"解决方案资源管理器"，可以打开文件进行编辑，向项目中添加新文件，以及查看解决方案、项目和项属性。如果集成环境中没有显示"解决方案资源管理器"窗口，可以通过选择"视图"→"解决方案资源管理器"命令来显示该窗口。
- ◇ 属性窗口：用于显示和设置窗体、控件等对象的相关属性。

实 践 1.3

使用 Visual Studio 2010 开发 IDE 工具，创建和编译 C# 程序。

【分析】

(1) 创建一个控制台应用程序。
(2) 编写 C# 程序代码。
(3) 运行程序，查看结果。

【参考解决方案】

(1) 启动 Visual Studio 2010。

打开"开始"菜单，选择"所有程序"，如图 S1-12 所示，选择"Microsoft Visual Studio 2010"，启动 VS2010。

图 S1-12 启动程序

(2) 创建控制台应用程序。

如图 S1-13 所示，选择"文件"→"新建"→"项目"。

图 S1-13 新建项目

弹出如图 S1-14 所示的创建项目窗口，在此窗口中选择"控制台应用程序"模板，输入项目"名称"(本示例中项目名为 ph01)和保存"位置"，单击"确定"按钮。

图 S1-14　创建控制台应用程序

显示如图 S1-15 所示的窗口，此时项目中自带一个"Program.cs"类。

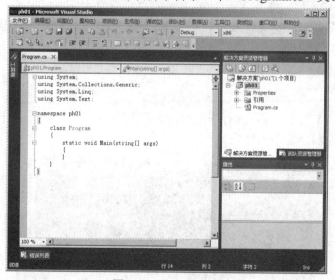

图 S1-15　Program 类

(3) 编写 C# 程序代码。

在代码编辑窗口中编辑 Program.cs 的程序代码，使其内容如下：

```
class Program
{
    staticvoid Main(string[] args)
    {
        Console.WriteLine("这是第一个 C#程序");
    }
}
```

(4) 设置应用程序的启动项。

如图 S1-16 所示，右击 ph01 项目→"属性"。

如图 S1-17 所示，在"启动对象"下拉列表框中选择要运行的程序，本案例是"Program"。

图 S1-16　查看项目属性

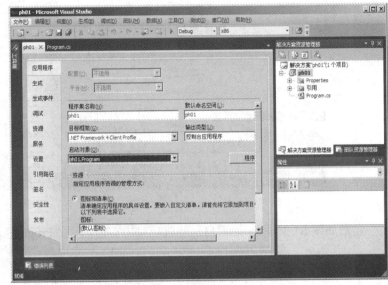

图 S1-17　项目属性窗口

(5) 运行程序。

按下"Ctrl + F5"组合键，运行 Program.cs 程序代码。运行结果如图 S1-18 所示，显示了程序执行后控制台的输出结果。

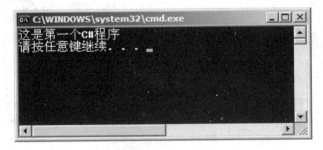

图 S1-18　运行结果

知识拓展

1. C# 程序代码的调试

(1) 设置断点。

如图 S1-19 所示，单击需要设置断点的行的左侧边框，会出现红色的断点标识。

图 S1-19　设置断点

(2) 调试。

按下"F5"快捷键,则程序会运行到断点处,如图 S1-20 所示。

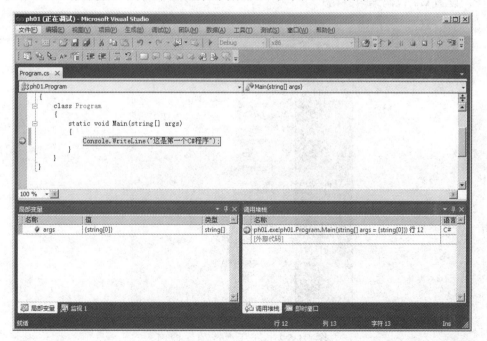

图 S1-20　调试程序

按"F11"快捷键(或工具栏中的"逐语句"调试按钮)。如图 S1-21 所示,对程序代码进行逐行调试,可以观察局部变量及输出窗口的变化。

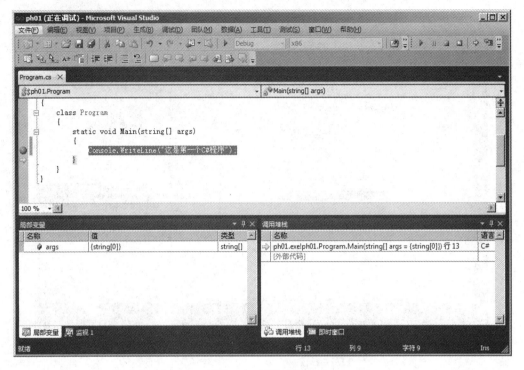

图 S1-21　调试界面

2．设置 C# 代码编辑器格式

(1) 打开选项设置。

在 VS2010 的菜单栏中，选择"工具"→"选项"菜单，如图 S1-22 所示。

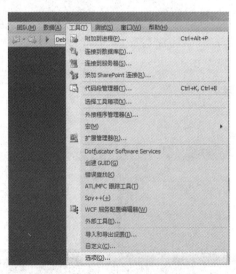

图 S1-22　打开"选项"窗口

(2) 设置字体和颜色。

展开"选项"对话框左侧树形目录，选择"环境"→"字体和颜色"。在右侧选择字体和大小，也可以设置颜色，如图 S1-23 所示。

实践 1 C# 概述

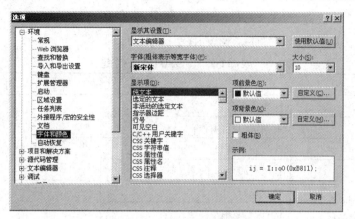

图 S1-23 设置字体及颜色

(3) 设置 C# 格式。

在左侧树形目录中选择"文本编辑器"→"C#"→"常规",在右侧"显示"栏中选中"行号",如图 S1-24 所示。

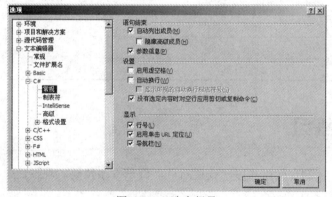

图 S1-24 选中行号

设置好格式后单击"选项"对话框中的"确定"按钮。此时 VS2010 代码编辑器中的格式将变为设置好的格式,如图 S1-25 所示,左侧显示了代码的行号。

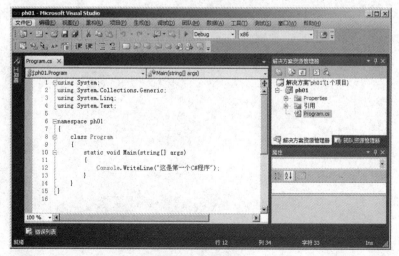

图 S1-25 显示行号

· 189 ·

3. VS2010 快捷键

VS2010 中常用的几个快捷键，如表 S1-2 所示。

表 S1-2　VS2010 快捷键

快 捷 键	功　　能	作 用 域
Ctrl + E，C	注释选中的行	代码编辑器
Ctrl + E，U	取消选中行的注释	
Ctrl + F	查找和替换	
Ctrl + K，X	插入代码块	
F5	调试运行	全局
Ctrl + F5	运行，不调试	
F6	生成解决方案	
Ctrl + F6	生成当前项目	
F7	查看代码	
Ctrl + Shift + F9	删除所有断点	
F10	逐过程调试	
Ctrl + F10	运行到光标处	
F11	逐语句调试	

 拓展练习

编写一个 C# 控制台应用程序，设置断点，调试程序代码，观察输出结果。

实践 2　C# 语言基础

实践指导

实 践 2.1

从键盘输入 10 个整数并存入数组中，将这 10 个数排序后输出。

【分析】

(1) 使用循环语句从键盘接收 10 个数，并转换成整数存放到数组中。
(2) 使用冒泡排序对数组进行排序。
(3) 使用循环语句遍历数组元素并输出。

【参考解决方案】

(1) 创建一个名为 ph02 的控制台应用程序。
(2) 在项目中添加一个名为 NumberSort 的类，代码如下：

```csharp
public class NumberSort
{
    public static void Main()
    {   //声明一个整型数组，长度为 10
        int[] a = new int[10];
        //循环接收 10 个数
        for (int i = 0; i <= a.Length - 1; i++)
        {
            Console.Write("请输入第" + System.Convert.ToString(i + 1) + "个数:");
            //将键盘输入的数据转换成整数并存入数组中
            a[i] = Convert.ToInt32(Console.ReadLine());
        }
        //使用嵌套的 For 循序进行冒泡排序
        for (int i = 0; i <= a.Length - 1; i++)
        {
            for (int j = 0; j <= a.Length - 2 - i; j++)
            {
```

```
                if (a[j] > a[j + 1])
                {
                    int t = a[j];
                    a[j] = a[j + 1];
                    a[j + 1] = t;
                }
            }
        }
        //遍历数组
        Console.WriteLine("排序后的内容:");
        foreach (var e in a)
        {
            Console.Write(e + " ");
        }
    }
}
```

> **注意** 关于数字排序有很多种方法,冒泡排序只是其中一种。使用冒泡排序时一定要注意 i 和 j 的范围,否则容易引发数组下标越界异常。

(3) 按下"Ctrl + F5"组合键,运行 NumberSort.cs 程序代码,运行结果如图 S2-1 所示。

图 S2-1　运行结果

实 践 2.2

接收一个字符串,去掉字符串中连续重复的字母,并输出。例如:输入一个"aaabbcc"字符串,输出"abc"。

【分析】

(1) 从键盘接收一个字符串。
(2) 先输出字符串的第一个字母。

(3) 从字符串的第二个字母开始遍历，如果该字母与前一个字母不同，则输出此字母；相同时则不输出该字母。

【参考解决方案】

(1) 在 ph02 项目中添加一个名为 DelRepeatChar 的类，代码如下：

```csharp
public static void Main()
{
    string s = "";
    Console.WriteLine("请输入一个字符串:");
    s = Console.ReadLine();
    Console.WriteLine("去掉连续重复的字符:");
    //取字符串中的第一个字符
    char pre = s[0];
    Console.Write(pre);
    char cur = '0';
    //遍历字符串中剩余的每个字符
    for (int i = 1; i <= s.Count() - 1; i++)
    {   //取当前访问的字符
        cur = s[i];
        //当前字符与前一个字符不同，则输出当前字符
        if (cur != pre)
        {
            Console.Write(cur);
        }
        //将当前字符赋值给 pre，便于下一次访问
        pre = cur;
    }
}
```

上述代码中，字符型变量 pre 用于存放前一个字符，cur 用于存放当前字符。当 cur 与 pre 不同时输出 cur 的值。

(2) 设置项目的启动对象为 DelRepeatChar。

(3) 按下"Ctrl + F5"组合键，运行 DelRepeatChar.cs 程序代码，运行结果如图 S2-2 所示。

图 S2-2　运行结果

知识拓展

基本数据类型都提供了 ToString()方法，能够以字符串的形式返回变量的值(数字或日期)。ToString()方法能够以不同的方式格式化数字和日期，是最常用的方法之一。

1. 格式化数字

在调用 ToString()方法时使用适当的参数就可以对数值进行格式化，其语法格式如下所示：

ToString(formatString)

formatString 参数是"格式说明符"，用于指定转化的格式。它可以是预定义的格式特殊字符(标准数字格式字符串)，或是具有特殊格式含义的字符串(描述数字格式字符串)。

标准数字格式字符串如表 S2-1 所示。

表 S2-1　标准数字格式字符串

格式字符	描述	范例
C 或 c	货币	(12345.67).ToString("C")的结果是 $12,345.67
D 或 d	Decimal	(123456789).ToString("D")的结果是 123456789(它只能处理整数)
E 或 e	科学计数	(12345.67).ToString("E")的结果是 1.234567E+004
F 或 f	定点格式	(12345.67).ToString("F")的结果是 12345.67
G 或 g	普通格式	以定点或科学记数格式返回数值
N 或 n	数字格式	(12345.67).ToString("N")的结果是 12,345.67
P 或 p	百分比	(12.345).ToString("P")的结果是 12.35%
R 或 r	循环数	(1/3).ToString("R")的结果是 0.33333333333333331，而"G"说明符返回的数值具有较少的小数位：0.3333333333333333
X 或 x	十六进制	250.ToString("X")结果是 FA

描述数字格式字符串如表 S2-2 所示。

表 S2-2　描述数字格式字符串

格式字符	描述	效果
0	显示 0 占位符	如果数值位数小于格式字符串中 0 的数量，就会在多余位数上显示 0
#	显示数字占位符	只使用有意义的数字替换 # 符号
.	小数点	显示"."符号
,	组分隔符	将数字分组，如"1,000"
%	百分比符号	显示"%"符号
E+0,E-0,e+0,e-0	指数符号	以指数形式输出数值
\	符号	使用传统的格式序列，比如"\n"表示换行
;	区域分隔符	根据数值是正数、负数或 0 设置不同的输出格式

下述代码演示数字的格式化：

```
public class FormatNumber
{
    public static void Main()
    {
        float amnt = (float) (8516.786F);
        //货币格式
        Console.WriteLine(amnt.ToString("C"));
```

```
        //科学记数
        Console.WriteLine(amnt.ToString("E"));
        //数字格式
        Console.WriteLine(amnt.ToString("N"));
        //普通格式
        Console.WriteLine(amnt.ToString("G"));
        //使用描述格式字符串
        Console.WriteLine(amnt.ToString("$#,###.00"));
        Console.WriteLine(amnt.ToString("0.00"));
    }
}
```

上述代码使用不同的格式显示数值,其中使用标准数字格式字符串"C"可以将数字以货币的形式格式化输出,如:

amnt.ToString("C");

在中文环境下会以"￥"开头,显示货币数字;如果是英文环境下会以"$"开头。也可以使用描述数字格式字符串来显示货币,如:

amnt.ToString("￥#,###.00");

或

amnt.ToString("$#,###.00");

运行结果如图 S2-3 所示。

图 S2-3 运行结果

2. 格式化日期

用于格式化日期的标准日期格式如表 S2-3 所示。

表 S2-3 标准日期式字符串

格式字符	描述	效果
d	短日期格式	10/12/2002
D	长日期格式	10-Dec-02
t	短时间格式	10:11 PM
T	长时间格式	10:11:29 PM
f	长日期及短时间	2002 年 12 月 10 日 22:11
F	长日期及长时间	2002 年 12 月 10 日 22:11:34
g	短日期及短时间	10/12/2002 10:11 PM
G	短日期及长时间	10/12/2002 10:11:29 PM
M 或 m	月/日格式	10-Dec
R 或 r	RFC1123 模板	Tue, 10 Dec 2002 22:11:29 GMT
s	可排序日期/时间格式	2002-12-10T22:11:29
u	通用日期/时间短格式	2002-12-10 22:13:50Z
U	通用日期/时间长格式	2002 年 12 月 11 日 3:13
Y 或 y	年月格式	December, 2002

表 S2-3 中的效果仅供参考,在具体的语言环境下显示的效果可能不同。例如中文和英文显示的格式文字是不同的。

描述日期格式字符串如表 S2-4 所示。

表 S2-4 描述日期格式字符串

格式字符	描 述
d	以 1 到 31 的数值显示日期
dd	与 d 说明符一样,但在显示 1 到 9 时前面会添加一个 0
ddd	显示日期的缩写
dddd	显示日期的完整名称
f	以单精度数字显示秒
ff…	与 f 说明符一样,但以多位数值显示秒数,由 f 的数量指定,最多为 7
g 或 gg	显示纪元,B.C. 或 A.D.
h	以 1 到 12 的数字显示小时,午夜后第一个小时显示为 12
hh	显示小时,必要时会在前面添加 0
H	以 0 到 23 的数字显示小时
HH	显示小时,必要时在前面添加 0
m	以 0 到 59 的数字显示分钟
mm	显示分钟,必要时在前面添加 0
M	以 1 到 12 的数字显示月份
MM	显示月份,必要时在前面添加 0
MMM	显示月份名称缩写
MMMM	显示完整的月份名称
s	以 0 到 59 显示秒数
ss	显示秒数,必要时在前面添加 0
t	显示 A.M. 或 P.M. 标识符的第一个字符
tt	显示 A.M. 或 P.M. 标识符,此时考虑 Windows 系统的区域设置
y	以一位或两位数字显示年份(如:2009 显示为 9,2010 年显示为 10)
yy	用 2 位数字显示年份
yyyy	用 4 位数字显示年份
z	显示时区,以当地时间与格林威治时间之差表示
zz	使用两位数字显示时区
:	显示时间分隔符
/	显示日期分隔符

通过描述日期格式字符串可以自定义日期格式字符串。下述代码演示日期的格式化输出:

```
public class FormatDate
{
    public static void Main()
    {
        DateTime birthDate = DateTime.Parse("2008-10-22 21:34:56");
        //使用标准的日期格式字符串
        Console.WriteLine(birthDate.ToString("d"));
        Console.WriteLine(birthDate.ToString("D"));
        Console.WriteLine(birthDate.ToString("t"));
        Console.WriteLine(birthDate.ToString("T"));
        Console.WriteLine(birthDate.ToString("u"));
        Console.WriteLine(birthDate.ToString("U"));
        Console.WriteLine(birthDate.ToString("s"));
        //使用描述日期格式字符串
        Console.WriteLine(birthDate.ToString("yyyy-MM-dd"));
        Console.WriteLine(birthDate.ToString("hh:mm:ss"));
    }
}
```

上述代码先定义一个日期类型的变量，并赋予一个日期值，然后将该日期使用不同的格式进行显示。该代码是在中文环境下编译，其中：

birthDate.ToString("d")
以短日期格式显示，其对应的结果是"2008-10-22"。

birthDate.ToString("D")
以长日期格式显示，其对应的结果是"2008年10月22日"。

birthDate.ToString("t")
以短时间格式显示，其对应的结果是"21:34"。

birthDate.ToString("T")
以长时间格式显示，其对应的结果是"21:34:56"。

birthDate.ToString("u")
以通用日期时间短格式显示，其对应的结果是"2008-10-22 21:34:56Z"。

birthDate.ToString("U")
以通用日期时间长格式显示，其对应的结果是"2008年10月22日 13:34:56"。

birthDate.ToString("s")
以可排序日期/时间格式显示，其对应的结果是"2008-10-22T21:34:56"。

birthDate.ToString("yyyy-MM-dd")
以自定义格式显示日期，其对应的结果是"2008-10-22"。

birthDate.ToString("hh:mm:ss")
以自定义格式显示时间，其对应的结果是"09:34:56"。

运行结果如图 S2-4 所示。

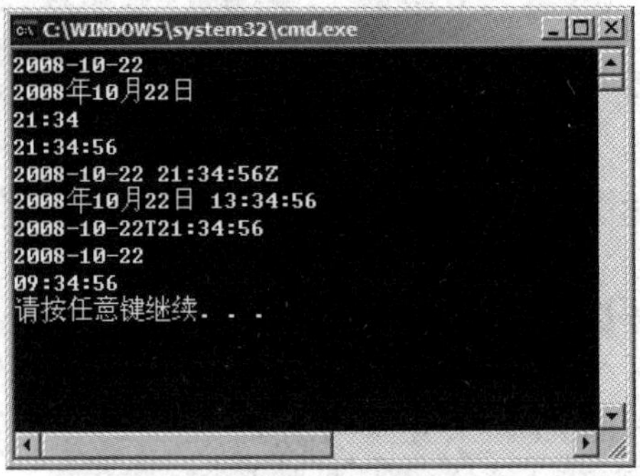

图 S2-4　运行结果

拓展练习

练习 2.1

从键盘接收一个数字，使用数字格式化将其格式化为货币、科学计数、数字格式，并显示。

练习 2.2

将系统当前时间进行日期格式化。

实践 3　窗体和常用控件

实践指导

从本实践开始，将在之后的各实践中贯穿实现酒店管理系统的所有功能模块。酒店管理系统的业务功能模块如图 S3-1 所示。

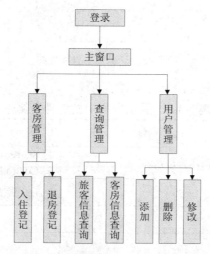

图 S3-1　酒店管理系统的业务功能模块

该系统中的模块和对应的窗体页面及功能描述如表 S3-1 所示。

表 S3-1　酒店管理系统窗口一览表

模块名	窗体	窗体 ID	功能描述
登录	登录界面	LoginForm	系统登录窗口
主窗口	系统主页	MainForm	系统主窗口
客房管理	入住登记	RegisterRoomForm	旅客入住登记信息
	退房登记	CheckOutRoomForm	退房并结账登记
查询管理	旅客信息查询	ClientForm	入住旅客信息查询
	客房信息查询	RoomForm	客房入住状态信息查询
用户管理	添加新用户	AddUserForm	添加新用户信息
	删除/修改用户	UserManagerForm	修改或删除用户信息
帮助	关于	HelpAbout	关于系统版本及版权描述

实践 3.1

实现酒店管理系统的登录窗口，登录信息有用户名和密码。

【分析】

(1) 登录窗口如图 S3-2 所示。

图 S3-2　登录窗口设计界面

(2) 登录界面中的控件及属性如表 S3-2 所示。

表 S3-2　登录界面中的控件及属性

Name	类　型	Text	属 性 设 置
LoginForm	Form	酒店管理系统	将 StartPosition 设置为 CenterScreen 将 ControlBox 设置为 False
PictureBox1	PictureBox		Image 设置为选定的图片
GroupBox1	GroupBox	登录	
Label1	Label	用户名	
Label2	Label	密码	
txtName	TextBox		
txtPwd	TextBox		将 UseSystemPasswordChar 设置为 True
btnLogin	Button	登录系统	
btnExit	Button	退出系统	

【参考解决方案】

(1) 根据图 S3-2 和表 S3-2 创建 LoginForm 窗口，并设置该窗口中控件的属性。

(2) 添加"登录系统"和"退出系统"按钮事件，其事件处理代码如下：

```
public partial class LoginForm
{
    public LoginForm()
```

```csharp
    {
        InitializeComponent();
    }
    public void btnLogin_Click(System.Object sender, System.EventArgs e)
    {
        string strName = txtName.Text;
        string strPwd = txtPwd.Text;
        if (string.IsNullOrEmpty(strName))
        {
            MessageBox.Show("用户名不能为空", "提示", MessageBoxButtons.OK,
                MessageBoxIcon.Information);
            txtName.Focus();
            return;
        }
        if (string.IsNullOrEmpty(strPwd))
        {
            MessageBox.Show("密码不能为空", "提示", MessageBoxButtons.OK,
                MessageBoxIcon.Information);
            txtPwd.Focus();
            return;
        }
        if (strName == "zhangsan" && strPwd == "123")
        {
            MessageBox.Show("欢迎使用本系统！");
        }
        else
        {
            MessageBox.Show("错误的用户名或密码", "提示", MessageBoxButtons.OK,
                MessageBoxIcon.Information);
        }
    }
    public void btnExit_Click(System.Object sender, System.EventArgs e)
    {
        Application.Exit();
    }
}
```

上述代码中，btnLogin_Click()是"登录系统"按钮的事件处理过程，在此过程中先获取用户输入的用户名和密码信息，并进行初始验证。

(3) 设置项目的启动窗口是LoginForm，按下"F5"运行，运行结果如图S3-3所示。

图 S3-3　运行结果

实 践 3.2

实现添加新用户窗口，新用户的信息包括用户名、密码和权限。

【分析】

(1)"添加新用户"窗口如图 S3-4 所示。

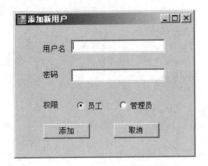

图 S3-4　"添加新用户"窗口

(2) 添加新用户界面中的控件及属性如表 S3-3 所示。

表 S3-3　添加新用户界面中的控件及属性

Name	类　型	Text	属 性 设 置
AddUserForm	Form	添加新用户	
Label1	Label	用户名	
Label2	Label	密码	
Label3	Label	权限	
txtName	TextBox		
txtPwd	TextBox		将 UseSystemPasswordChar 设置为 True
rbEmp	RadioButton	员工	将 Checked 设置为 True
rbAdmin	RadioButton	管理员	
btnAdd	Button	添加	
btnCancel	Button	取消	

【参考解决方案】

(1) 根据图 S3-4 和表 S3-3 创建 AddUserForm 窗口，并设置该窗口中控件的属性。

(2) 添加按钮事件，其事件处理代码如下：

```csharp
public partial class AddUserForm
{
    public AddUserForm()
    {
        InitializeComponent();
    }
    public void btnAdd_Click(System.Object sender, System.EventArgs e)
    {
        string strName = txtName.Text;
        string strPwd = txtPwd.Text;
        if (string.IsNullOrEmpty(strName))
        {
            MessageBox.Show("用户名不能为空", "提示", MessageBoxButtons.OK,
                MessageBoxIcon.Information);
            txtName.Focus();
            return;
        }
        if (string.IsNullOrEmpty(strPwd))
        {
            MessageBox.Show("密码不能为空", "提示", MessageBoxButtons.OK,
                MessageBoxIcon.Information);
            txtPwd.Focus();
            return;
        }
        //权限默认为0，即员工
        int role = 0;
        //当选中管理员时，设置权限值为1
        if (rbAdmin.Checked == true)
        {
            role = 1;
        }
        MessageBox.Show(strName + " " + strPwd + " " + role);
    }
    public void btnCancle_Click(System.Object sender, System.EventArgs e)
    {
        //清空文本栏
        txtName.Text = "";
```

```
            txtPwd.Text = " ";
            rbEmp.Checked = true;
            //关闭当前窗口
            this.Close();
        }
}
```

上述代码中，btnAdd_Click()是"添加"按钮的事件处理过程，在该过程中获取用户信息并使用对话框进行显示。btnCancle_Click()是"取消"按钮的事件处理过程，在该过程中重置控件的默认值并关闭窗口。

（3）设置项目的启动窗口是 AddUserForm，按下"F5"运行程序，运行结果如图 S3-5 所示。

图 S3-5　运行结果

实践 3.3

实现系统的"关于"框，该框用于提示系统版本及版权等信息。

【分析】

（1）在 Visual Studio 中提供了"关于"框的模板，利用此模板可以直接创建系统的"关于"信息提示框。

（2）"关于"信息提示框如图 S3-6 所示。

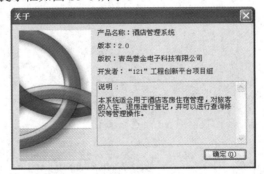

图 S3-6　"关于"信息提示框

【参考解决方案】

（1）如图 S3-7 所示，在项目中添加"关于"框，并将其命名为 HelpAbout。

实践 3　窗体和常用控件

图 S3-7　添加"关于"框

(2) 修改"关于"框中标签的文本，如图 S3-8 所示。

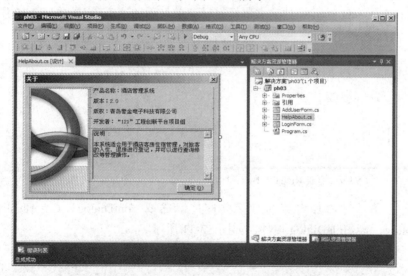

图 S3-8　修改文本

(3) HelpAbout.cs 的代码如下：

```
public partial class HelpAbout
{
    public HelpAbout()
    {
        InitializeComponent();
    }
    public void OKButton_Click(System.Object sender, System.EventArgs e)
    {
        this.Close();
    }
}
```

· 205 ·

(4) 设置项目的启动窗口是 HelpAbout，按下"F5"运行程序，运行结果不再展示。

知识拓展

1. RichTextBox 控件

RichTextBox 控件提供了高级的文本编辑功能，可以对显示的内容分段调整格式，如字体、颜色等。RichTextBox 控件还提供了对 RTF(Rich Text Format)格式的支持，可以编辑 RTF 格式文件。RTF 格式是微软发布的一种跨平台文档格式标准，大多数的字处理软件都可以读取和保存 RTF 格式文件。

下面是一个使用 RichTextBox 控件实现 RTF 格式文本编辑功能的示例。

(1) 创建窗体。

新建窗体，在该窗体中放置一个 RichTextBox 控件，如图 S3-9 所示。

使用 ContextMenuStrip 控件建立鼠标右键菜单，添加菜单项，如图 S3-10 所示。

图 S3-9　拖放 RichTextBox 窗口

图 S3-10　添加菜单项

针对各个菜单项添加对应的对话框控件，需要 fontDialog、ColorDialog(两个)、openFileDialog、saveFileDialog 控件，如图 S3-11 所示。

图 S3-11　控件显示

(2) 编写事件代码。

各个菜单项的事件处理代码如下：

```
public partial class RichTextBoxExample
{   public RichTextBoxExample()
    {
        InitializeComponent();
    }
    /// <summary>
    /// 改变字体的事件处理
    /// </summary>
```

/// <param name="sender"></param>
/// <param name="e"></param>
public void fontToolStripMenuItem_Click(System.Object sender, System.EventArgs e)
    {   if (fontDialog.ShowDialog() == DialogResult.OK)
        {
            richTextBox.SelectionFont = fontDialog.Font;
        }
    }
/// <summary>
/// 改变前景颜色的事件处理
/// </summary>
/// <param name="sender"></param>
/// <param name="e"></param>
public void foreColorToolStripMenuItem_Click(System.Object sender, System.EventArgs e)
    {   if (foreColorDialog.ShowDialog() == DialogResult.OK)
        {
            richTextBox.SelectionColor = foreColorDialog.Color;
        }
    }
/// <summary>
/// 改变背景颜色的事件处理
/// </summary>
/// <param name="sender"></param>
/// <param name="e"></param>
public void backgroundColorToolStripMenuItem_Click(System.Object sender, System.EventArgs e)
    {   if (backgroundColorDialog.ShowDialog() == DialogResult.OK)
        {
            richTextBox.SelectionBackColor = backgroundColorDialog.Color;
        }
    }
/// <summary>
/// 打开文件
/// </summary>
/// <param name="sender"></param>
/// <param name="e"></param>
public void openToolStripMenuItem_Click(System.Object sender, System.EventArgs e)
    {   if (openFileDialog.ShowDialog() == DialogResult.OK)
        {
            richTextBox.LoadFile(openFileDialog.FileName);

```
        }
    }
    /// <summary>
    /// 保存文件
    /// </summary>
    /// <param name="sender"></param>
    /// <param name="e"></param>
    public void saveToolStripMenuItem_Click(System.Object sender, System.EventArgs e)
    {   if (saveFileDialog.ShowDialog() == DialogResult.OK)
        {
            richTextBox.SaveFile(saveFileDialog.FileName);
        }
    }
}
```

上述代码中，使用 RichTextBox 控件的 SelectionFont 属性修改选中文本的字体；使用 SelectionColor 和 SelectionBackColor 属性修改选中文本的前景色和背景色；使用 LoadFile() 和 SaveFile()方法来读取和保存 RTF 格式的文件。

(3) 运行。

运行项目，输入若干文本，如图 S3-12 所示。

选中部分文本后单击鼠标右键，可以修改格式，修改后的结果如图 S3-13 所示。

图 S3-12　运行结果

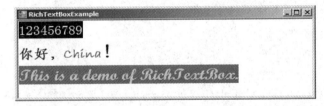
图 S3-13　修改后的结果

单击鼠标右键选择"保存"，可以将文档保存为 RTF 格式；单击鼠标右键选择"打开"，可以打开并显示 RTF 格式文件。

2．ErrorProvider 控件

ErrorProvider 控件提供了错误提示功能。ErrorProvider 可以关联到某个控件，当需要错误提示时，会在此控件旁边显示一个提示图标，鼠标经过此图标会显示提示信息。

下列示例使用 ErrorProvider 控件实现了错误信息的提示功能。

(1) 创建窗体。

新建窗体，在该窗体中放置 3 个 TextBox 和 1 个按钮，并添加 ErrorProvider 控件(ErrorProvider 控件不会显示在窗口中)，如图 S3-14 所示。

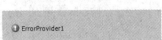
图 S3-14　设计界面

(2) 编写事件代码。

"注册"按钮的单击事件代码如下：

```csharp
public partial class ErrorProviderExample
{
    public ErrorProviderExample()
    {
        InitializeComponent();
    }
    public void btnRegister_Click(System.Object sender, System.EventArgs e)
    {
        ErrorProvider1.Clear();
        if (txtUserName.Text.Length < 8)
        {
            ErrorProvider1.SetError(txtUserName, "用户名长度至少为8位");
        }
        else if (txtPassword1.Text.Length < 8)
        {
            ErrorProvider1.SetError(txtPassword1, "密码长度至少为8位");
        }
        else if (!IsIncludeCharAndNumber(txtPassword1.Text))
        {
            ErrorProvider1.SetError(txtPassword1, "密码中必须包含字母和数字");
        }
        else if (txtPassword1.Text != txtPassword2.Text)
        {
            ErrorProvider1.SetError(txtPassword2, "两次输入密码不一致");
        }
        // 验证通过，执行后续操作
    }
    private bool IsIncludeCharAndNumber(string pwd)
    {   var hasChar = false;
        var hasNumber = false;
        foreach (var c in pwd)
        {
            if (char.IsLetter(c))
            {
                if (hasNumber)
                {
                    return true;
                }
```

```
                    hasChar = true;
                }
                if (char.IsNumber(c))
                {   if (hasChar)
                    {
                        return true;
                    }
                    hasNumber = true;
                }
            }
            return false;
        }
}
```

上述代码中，验证了以下几点：
◇ 用户名长度不能少于 8 位。
◇ 密码长度不能少于 8 位。
◇ 密码必须既包含字母也包含数字。
◇ 两次输入的密码必须一致。

首先调用 ErrorProvider 控件的 Clear()方法清空以前的错误信息，当验证不通过时，调用 SetError()方法显示错误提示信息。SetError()的第一个参数表示提示信息显示在哪个控件旁边，第二个参数表示信息字符串。

(3) 运行。

运行项目，输入不满足要求的信息，单击"注册"按钮后，输入控件的旁边出现红色的警告图标，鼠标移动到上面时，显示提示信息，如图 S3-15 所示。

图 S3-15　运行结果

拓展练习

修改酒店管理系统中的添加新用户窗口，要求用户名和密码都不能少于 6 位，密码必须包含字母和数字，验证数据后使用 ErrorProvider 控件提示错误信息。

实践 4 界面设计

实践 4.1

实现酒店管理系统的主窗口界面,并与实践 3 中设计的界面关联起来:当登录成功,显示主窗口界面;单击主窗口界面中的"添加新用户"菜单显示添加新用户的窗口;单击"关于"菜单显示关于窗口。

【分析】

(1) 主窗口界面如图 S4-1 所示。

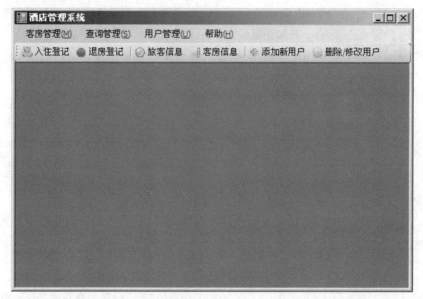

图 S4-1 主窗口

(2) 主窗口界面采用 MDI 界面设计,需要将窗口的 IsMdiContainer 属性设为 True。
(3) 在主窗口中添加菜单和工具栏。
(4) 添加菜单和工具栏按钮的事件处理。
(5) 修改 LoginForm 窗口中的事件处理代码,当登录成功时显示 MainForm 窗口。

【参考解决方案】

(1) 创建 MainForm 窗口。

MainForm 窗口对象的属性设置如表 S4-1 所示。

表 S4-1　MainForm 窗口对象的属性设置

属 性 名	属 性 值
Name	MainForm
WindowState	Maximized(窗口状态是最大化)
IsMdiContaier	True
Text	酒店管理系统

(2) 添加菜单。

在 MainForm 窗口中先添加一个 MenuStrip 控件，再添加"客房管理"菜单，并如图 S4-2 所示设置此菜单的子菜单项。

添加"查询管理"菜单，并如图 S4-3 所示设置此菜单的子菜单项。

图 S4-2　添加"客房管理"菜单项　　　图 S4-3　添加"查询管理"菜单项

添加"用户管理"菜单，并如图 S4-4 所示设置此菜单的子菜单项。

添加"帮助"菜单，并如图 S4-5 所示设置此菜单的子菜单项。

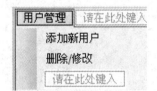　　　　　　　

图 S4-4　添加"用户管理"菜单项　　　图 S4-5　添加"帮助"菜单项

(3) 添加工具栏。

在 MainForm 窗口中添加 ToolStrip 控件，并如图 S4-6 所示设计工具栏中的按钮。

图 S4-6　设计 ToolStrip 控件

ToolStrip 控件的 Items 属性如图 S4-7 所示，其中 ToolStripButton 都需要设置以下几个属性：

- DisplayStyle 属性：设为 ImageAndText(图片和文本都显示)。
- Image 属性：设为相应的图标。
- Text 属性：设为相应的文本。
- TextImageRelation 属性：设为 ImageBeforeText(图片在文本的前面)。

实践 4 界面设计

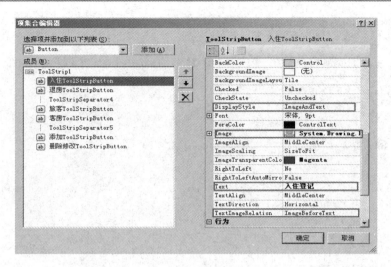

图 S4-7 设置属性

(4) 添加事件。

双击"用户管理"→"添加新用户"菜单项，添加该菜单的事件处理过程，并将工具栏中"添加新用户"的 Click 事件设置成相同的事件处理过程。

菜单和工具栏按钮共用同一事件处理过程，不管用户单击菜单还是工具栏中相应的快捷按钮，都是调用相同的事件处理。

"添加新用户"的事件处理过程代码如下：

```
private void miNewUser_Click(object sender, EventArgs e)
{
    AddUserForm frm = new AddUserForm();
    frm.MdiParent = this;
    frm.Show();
}
```

双击"帮助"→"关于"菜单项，添加的事件处理代码如下：

```
private void miAbout_Click(object sender, EventArgs e)
{
    HelpAbout frm = new HelpAbout();
    frm.MdiParent = this;
    frm.Show();
}
```

(5) 修改 LoginForm 中的代码。

修改 LoginForm 中的 btnLogin_Click 事件处理过程，其代码如下：

```
public void btnLogin_Click(System.Object sender, System.EventArgs e)
{
    string strName = txtName.Text;
    string strPwd = txtPwd.Text;
```

· 213 ·

```
        if (string.IsNullOrEmpty(strName))
        {
            MessageBox.Show("用户名不能为空", "提示", MessageBoxButtons.OK, MessageBoxIcon.Information);
            txtName.Focus();
            return;
        }
        if (string.IsNullOrEmpty(strPwd))
        {
          MessageBox.Show("密码不能为空", "提示", MessageBoxButtons.OK, MessageBoxIcon.Information);
            txtPwd.Focus();
            return;
        }
        if (strName == "zhangsan" && strPwd == "123")
        {
            this.Hide();
            MainForm frm = new MainForm();
             frm.Show();
        }
        else
        {
            MessageBox.Show("错误的用户名或密码", "提示", MessageBoxButtons.OK, MessageBoxIcon.Information);
        }
}
```

上述代码中，当用户输入的用户名和密码正确时，使用"this.Hide()"隐藏当前窗口，"MainForm frm = new MainForm(); frm.Show();"显示主窗口。

(6) 运行程序。

设置项目的启动窗口是 LoginForm，按下"F5"运行程序，显示如图 S4-8 所示的登录窗口，输入正确的用户名和密码，并单击"登录系统"按钮。

图 S4-8　运行结果

当登录成功时，显示如图 S4-9 所示的主窗口。单击"用户管理"→"添加新用户"菜单和"帮助"→"关于"菜单，显示相应的 AddUserForm 和 HelpAbout 窗口。

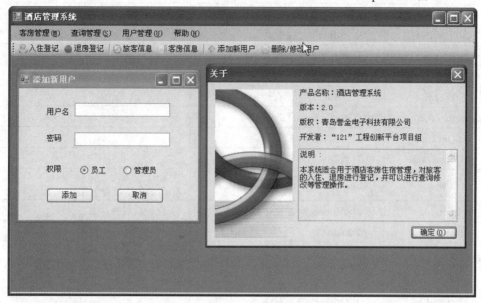

图 S4-9 登录成功

实 践 4.2

实现酒店管理系统中旅客"入住登记"窗口，并与主窗口关联起来。
【分析】
(1)"入住登记"窗口如图 S4-10 所示。

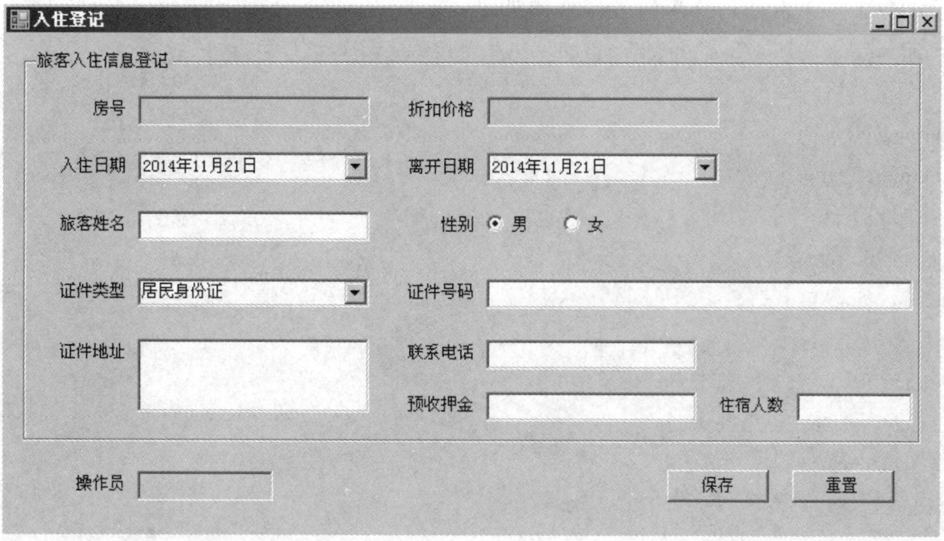

图 S4-10 "入住登记"窗口

(2)"入住登记"窗口中的控件(标签除外)及其属性设置，如表 S4-2 所示。

表 S4-2　"入住登记"窗口中的控件及其属性设置

Name	类型	说明	属性设置
RegisterRoomForm	Form	入住登记窗口	将 Text 设置为"入住登记"
GroupBox1	GroupBox	组框容器	将 Text 设置为"旅客入住信息登记"
txtRoomId	TextBox	房号文本框	
txtPrice	TextBox	折扣价格文本框	
txtForegift	TextBox	预收押金文本框	
dtpInTime	DateTimePicker	入住日期	
dtpOutTime	DateTimePicker	离开日期	
txtClientName	TextBox	旅客姓名文本框	
rbMale	RadioButton	性别单选按钮	将 Text 设置为"男" 将 Checked 设置为 True
rbFemale	RadioButton	性别单选按钮	将 Text 设置为"女"
txtPhone	TextBox	联系电话文本框	
cmbCertType	ComboBox	证件类型组合框	将 Text 设置为"居民身份证" Items 中的选项有：居民身份证、军官证、警官证、学生证、工作证
txtCertId	TextBox	证件号码文本框	
txtAddress	TextBox	证件地址文本域	将 Multiline 设置为 True
txtPersonNum	TextBox	住宿人数文本框	
txtOper	TextBox	操作员文本框	将 ReadOnly 设置为 True

【参考解决方案】

(1) 根据图 S4-10 和表 S4-2 创建 RegisterRoomForm 窗口，并设置该窗口中控件的各种属性。

(2) 添加按钮事件，其事件处理代码如下：

```
public void btnReset_Click(System.Object sender, System.EventArgs e)
{    txtRoomId.Text = "";
    txtPrice.Text = "";
    txtForegift.Text = "";
    dtpInTime.Text = "";
    dtpOutTime.Text = "";
    txtClientName.Text = "";
    rbMale.Checked = true;
    txtPhone.Text = "";
    cmbCertType.SelectedIndex = 0;
    txtCertId.Text = "";
    txtAddress.Text = "";
    txtPersonNum.Text = "";
    txtOper.Text = "";
}
```

(3) 修改 MainForm 代码，增加菜单和工具按钮的事件处理代码：

```
private void miCheckIn_Click(object sender, EventArgs e)
{
    RegisterRoomForm frm = new RegisterRoomForm();
    frm.MdiParent = this;
    frm.Show();
}
```

(4) 运行程序，单击主窗口中的"入住登记"快捷按钮，弹出入住登记窗口，如图 S4-11 所示。

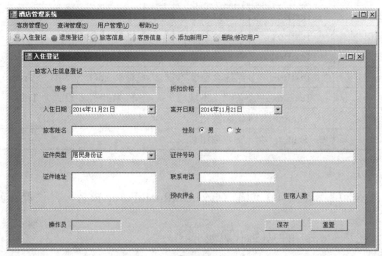

图 S4-11　运行结果

实 践 4.3

实现酒店管理系统中"退房登记"窗口，并与主窗口关联起来。

【分析】

(1) "退房登记"窗口如图 S4-12 所示。

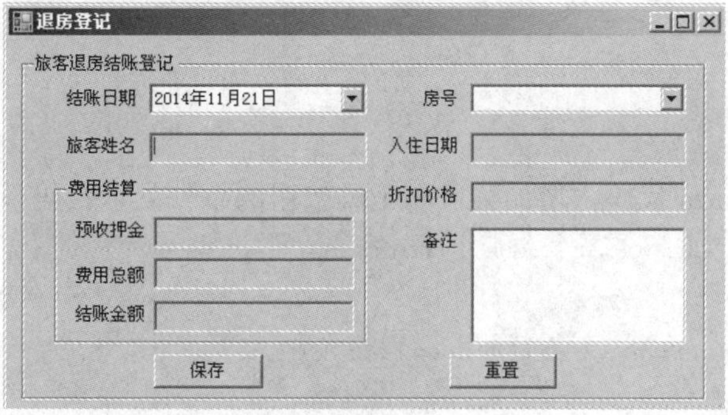

图 S4-12　"退房登记"窗口

(2) "退房登记"窗口中的控件(标签除外)及其属性设置，如表 S4-3 所示。

表 S4-3 "退房登记"窗口中的控件及其属性设置

Name	类型	说明	属性设置
CheckOutRoomForm	Form	退房登记窗口	将 Text 设置为 "退房登记"
GroupBox1	GroupBox	组框容器 1	将 Text 设置为 "旅客退房结账登记"
GroupBox2	GroupBox	组框容器 2	将 Text 设置为 "费用结算"
dtpOutTime	DateTimePicker	结账日期	
cmbRoomId	TextBox	房号组合框	
txtClientName	TextBox	旅客姓名文本框	将 ReadOnly 设置为 True
txtInTime	TextBox	入住日期文本框	将 ReadOnly 设置为 True
txtPrice	TextBox	折扣价格文本框	将 ReadOnly 设置为 True
txtForegift	TextBox	预收押金文本框	将 ReadOnly 设置为 True
txtTotal	TextBox	费用总额文本框	将 ReadOnly 设置为 True
txtAccount	TextBox	结账金额文本框	将 ReadOnly 设置为 True
txtNote	TextBox	备注文本域	将 Multiline 设置为 True
btnSave	Button	保存按钮	
btnReset	Button	备注按钮	

【参考解决方案】

(1) 根据图 S4-11 和表 S4-3 创建 CheckOutRoomForm 窗口，并设置该窗口中控件的属性。

(2) 添加按钮事件，其事件处理代码如下：

```
public void btnReset_Click(System.Object sender, System.EventArgs e)
{
    cmbRoomId.Text = "";
    txtClientName.Text = "";
    txtInTime.Text = "";
    txtPrice.Text = "";
    txtForegift.Text = "";
    txtTotal.Text = "";
    txtAccount.Text = "";
    txtNote.Text = "";
}
```

(3) 修改 MainForm 代码，增加菜单和工具按钮的事件处理代码：

```
private void miCheckOut_Click(object sender, EventArgs e)
{
    CheckOutRoomForm frm = new CheckOutRoomForm();
    frm.MdiParent = this;
    frm.Show();
}
```

运行程序，在主窗口中单击"退房登记"快捷按钮，弹出退房登记窗口，如图 S4-13 所示。

图 S4-13 运行结果

1．TreeView 控件

TreeView 控件提供了以树形结构显示数据的功能。TreeView 控件能够以清晰直观的方式展示具有层次结构的数据，如功能菜单、磁盘目录、文档结构等，是非常常用的控件。

TreeNode 类代表树的节点，TreeView 是由多个 TreeNode 组成的。通过使用 TreeView 和 TreeNode，可以方便地实现树形结构数据的显示、添加、修改、删除等。

下面示例使用 TreeView 控件显示产品的分类，并实现产品类型的添加、修改和删除功能。

(1) 创建窗体。

新建窗体，添加 1 个 TreeView 控件、2 个 TextBox 控件、3 个按钮，如图 S4-14 所示。

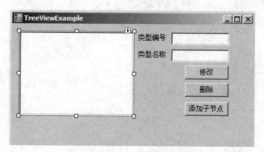

图 S4-14 设计窗体界面

(2) 编写事件处理代码。

编写 TreeView 控件中节点选中事件和 3 个按钮的单击事件代码，如下所示：

```
public partial class TreeViewExample
{
    public TreeViewExample()
    {
        InitializeComponent();
    }
    public void TreeViewExample_Load(System.Object sender, System.EventArgs e)
    {
        //定义 6 个产品类型实例
        var type1 = new ProductType("1", "酒");
        var type2 = new ProductType("2", "饮料");
        var type11 = new ProductType("11", "白酒");
        var type12 = new ProductType("12", "啤酒");
        var type21 = new ProductType("21", "碳酸饮料");
        var type22 = new ProductType("22", "果汁");
        //预先定义的节点
        var root = new TreeNode("产品类型");
        var node1 = new TreeNode(type1.name);
        node1.Tag = type1;
        var node2 = new TreeNode(type2.name);
        node2.Tag = type2;
        var node11 = new TreeNode(type11.name);
        node11.Tag = type11;
        var node12 = new TreeNode(type12.name);
        node12.Tag = type12;
        var node21 = new TreeNode(type21.name);
        node21.Tag = type21;
        var node22 = new TreeNode(type22.name);
        node22.Tag = type22;
        //添加节点
        treeProductType.Nodes.Add(root);
        root.Nodes.Add(node1);
        root.Nodes.Add(node2);
        node1.Nodes.Add(node11);
        node1.Nodes.Add(node12);
        node2.Nodes.Add(node21);
        node2.Nodes.Add(node22);
    }
```

```csharp
//TreeView 的节点选中事件
public void treeProductType_AfterSelect(System.Object sender,
    System.Windows.Forms.TreeViewEventArgs e)
{
    var type = e.Node.Tag;
    if (type == null)
    {
        txtCode.Text = null;
        txtName.Text = null;
    }
    else
    {
        txtCode.Text = ((ProductType)type).code;
        txtName.Text = ((ProductType)type).name;
    }
}
public void btnUpdate_Click(System.Object sender, System.EventArgs e)
{
    var node = treeProductType.SelectedNode;
    ProductType type = (ProductType)node.Tag;
    type.code = txtCode.Text;
    type.name = txtName.Text;
    node.Text = type.name;
}
public void btnDelete_Click(System.Object sender, System.EventArgs e)
{
    treeProductType.SelectedNode.Remove();
    treeProductType.Focus();
    treeProductType.SelectedNode.Checked = true;
}
public void btnAdd_Click(System.Object sender, System.EventArgs e)
{
    var type = new ProductType("", "新建产品类型");
    var node = new TreeNode();
    node.Text = type.name;
    node.Tag = type;
    treeProductType.SelectedNode.Nodes.Add(node);
    treeProductType.SelectedNode = node;
    treeProductType.Focus();
```

```
            node.Checked = true;
        }
    }
}
//封装产品类型的类
public class ProductType
{
    public string code;
    public string name;

    public ProductType(string code, string name)
    {
        this.code = code;
        this.name = name;
    }
}
```

上述代码在窗体加载事件中，为 TreeView 添加了 6 个节点，每个节点的 Tag 属性对应一个 ProductType 的实例。在 TreeView 的 AfterSelect 事件中，将当前选中节点对应的产品类型信息显示在文本框中。在修改按钮的单击事件中，通过 TreeView 的 selectedNode 属性得到当前选中的节点，修改了此节点的 Tag 属性对应的 ProductType 实例，又通过 Text 属性修改了此节点的显示文本。在删除按钮的单击事件中，通过节点的 Remove()方法删除了当前选中节点。在添加子节点按钮的单击事件中，调用当前选中节点的 Nodes 集合的 Add()方法，为当前节点添加了一个新的子节点。

(3) 运行。

运行项目，选中某个节点，比如选中"酒"节点，右方显示此节点对应的产品类型信息，如图 S4-15 所示。

修改对应信息后，单击"修改"按钮，TreeView 中"酒"节点也相应修改，如图 S4-16 所示。

图 S4-15 选中"酒"节点　　　　　图 S4-16 修改"酒"节点

单击"添加子节点"按钮，会在当前节点下添加一个新的节点，并自动选中此节点，如图 S4-17 所示。

此时，可修改这个新添加的产品类型，修改后单击"修改"按钮即可保存，如图 S4-18 所示。

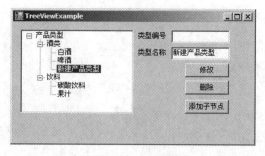
图 S4-17　添加节点

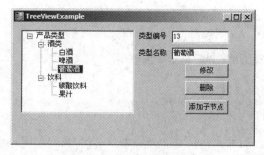
图 S4-18　修改新添加的节点

单击"删除"按钮,当前选中的节点会被删除,如图 S4-19 所示。

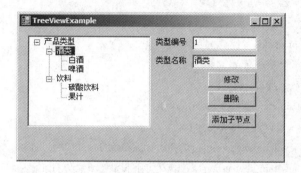
图 S4-19　删除节点

2. ListView 控件

ListView 控件能够以多种形式(LargeIcon、SmallIcon、Details、List、Tile)展示大量数据,并提供了分组显示数据的功能。

下面示例使用 ListView 控件显示产品数据,并允许用户选择显示的方式。

(1) 创建窗体。

新建窗体,添加 1 个 ListView 控件、4 个 RadioButton、1 个 CheckBox,如图 S4-20 所示。

图 S4-20　设计窗体

(2) 编写事件处理代码。

编写各个 RadioButton 和 CheckBox 的 CheckedChanged 事件的处理过程,并在窗体加载时为 ListView 填充数据,代码如下:

```csharp
public partial class ListViewExample
{
    public ListViewExample()
    {
        InitializeComponent();
    }
    public void ListViewExample_Load(System.Object sender,
        System.EventArgs e)
    {
        radioLargeIcon.Checked = true;
        //给 ListView 添加列
        productList.Columns.Add("产品编号");
        productList.Columns.Add("产品名称");
        productList.Columns.Add("规格");
        //准备数据。ListViewItem 类表示 ListView 的一行
        ListViewItem[] ts = new ListViewItem[10];
        ts[0] = new ListViewItem(new string[] { "1001", "五粮液", "45度" });
        ts[1] = new ListViewItem(new string[] { "1002", "五粮液", "52度" });
        ts[2] = new ListViewItem(new string[] { "1003", "茅台", "43度" });
        ts[3] = new ListViewItem(new string[] { "1004", "茅台", "53度" });
        ts[4] = new ListViewItem(new string[] { "1005", "汾酒", "53度" });
        ts[5] = new ListViewItem(new string[] { "1006", "二锅头", "65度" });
        ts[6] = new ListViewItem(new string[] { "1007", "青岛啤酒", "瓶装" });
        ts[7] = new ListViewItem(new string[] { "1008", "青岛啤酒", "听装" });
        ts[8] = new ListViewItem(new string[] { "1009", "雪花啤酒", "53度" });
        ts[9] = new ListViewItem(new string[] { "1010", "青岛纯生", "听装" });
        //给 ListView 添加数据
        productList.Items.AddRange(ts);
    }
    //根据用户的选择，使用不同方式显示数据
    public void radioLargeIcon_CheckedChanged(System.Object sender, System.EventArgs e)
    {
        if (sender.Equals(radioLargeIcon))
        {
            productList.View = View.LargeIcon;
        }
        else if (sender.Equals(radioSmallIcon))
        {
            productList.View = View.SmallIcon;
```

```
            }
        else if (sender.Equals(radioDetails))
        {
            productList.View = View.Details;
        }
        else if (sender.Equals(radioList))
        {
            productList.View = View.List;
        }
        else if (sender.Equals(radioTile))
        {
            productList.View = View.Tile;
        }
    }
    //根据用户的选择,采用分组或不分组的方式显示数据
    public void cbGroup_CheckedChanged(System.Object sender, System.EventArgs e)
    {
        if (cbGroup.Checked)
        {
            productList.Groups.Add(new ListViewGroup("白酒"));
            productList.Groups.Add(new ListViewGroup("啤酒"));
            var items = productList.Items;
            productList.Groups[0].Items.AddRange(new ListViewItem[]
            { items[0], items[1], items[2], items[3], items[4], items[5] });
            productList.Groups[1].Items.AddRange(new ListViewItem[]
                { items[6], items[7], items[8], items[9] });
        }
        else
        {
            productList.Groups.Clear();
        }
    }
}
```

上述代码在窗体加载事件中,首先为 ListView 添加了 3 个列,然后定义了多个 ListItemView 的实例,最后添加到 ListView 的 Items 中;在各个 RadioButton 的 CheckedChanged 事件中,根据用户选择的不同,指定 ListView 的 View 属性为 LargeIcon、SmallIcon、Details、List、Tile 中的一种,从而改变显示方式;在分组显示的 CheckBox 的 CheckedChanged 事件中,通过 ListView 的 Groups 属性添加分组,并在各个分组中添加具体的列表项。

(3) 运行。

运行项目，选择某种显示方式，ListView 将以对应形式显示数据。如图 S4-21 所示是 Details 方式下的显示结果。

当选中分组时，将以分组的形式显示数据，如图 S4-22 所示。

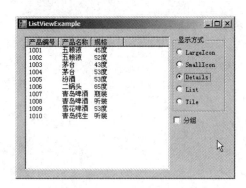
图 S4-21　运行结果

图 S4-22　分组显示

拓展练习

结合使用 TreeView 和 ListView 控件，在窗体中显示硬盘中的文件及文件夹。要求运行结果与 Windows 的资源管理器类似，如图 S4-23 所示。

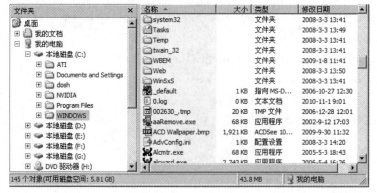
图 S4-23　运行结果

实践 5　面向对象程序设计

实践 5　面向对象程序设计

实践指导

实践 5.1

在酒店管理系统中创建一个模型层类库，并在此类库中添加用户类，用以封装用户信息。

【分析】

(1) 在项目中添加一个名为 Models 的类库，将其作为项目的模型层。
(2) 在类库中添加一个 User 类，该类的属性有用户名、密码和用户类型。

【参考解决方案】

(1) 搭建项目的模型层。

单击"文件"→"新建"→"项目"菜单，弹出"添加新项目"窗口。如图 S5-1 所示，项目的模板选择"类库"，输入项目名称"Models"，选择位置。单击"确定"按钮后，在"解决方案资源管理器"窗口中会显示"Models"项目，如图 S5-2 所示。

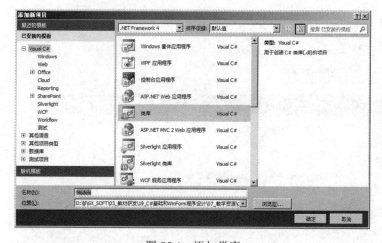

图 S5-1　添加类库

图 S5-2　显示结果

(2) 添加 User 类。

如图 S5-3 所示，右击"Models"项目，选择"添加"→"类"。

· 227 ·

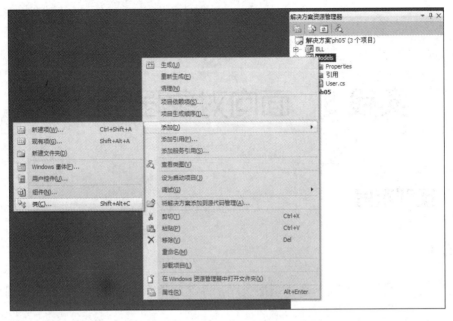

图 S5-3 添加"类"

在弹出的"添加新项"窗口中输入名称"User.cs",单击"添加"按钮,如图 S5-4 所示。

图 S5-4 修改名称

编辑 User 类,其代码如下:

```
public class User
{
    //私有字段
    private string name;
    private string pwd;
    private int role;
    //属性
```

```csharp
public string Name
{
    get
    {
        return name;
    }
    set
    {
        name = value;
    }
}
public string Pwd
{
    get
    {
        return pwd;
    }
    set
    {
        pwd = value;
    }
}
public int Role
{
    get
    {
        return role;
    }
    set
    {
        role = value;
    }
}
//不带参数的构造函数
public User()
{
    Name = "";
    Pwd = "";
    Role = 0;
```

```
}
//带参数的构造函数
public User(string n, string p, int r)
{
    Name = n;
    Pwd = p;
    Role = r;
}
}
```

实 践 5.2

在酒店管理系统中创建一个业务逻辑层类库,并在此类库中添加一个权限管理类,用以保存当前登录用户的信息。

【分析】

(1) 搭建项目的业务逻辑层,即在项目中添加一个名为 BLL 的类库。

(2) 在项目中添加 Models 类库的引用。

(3) 创建一个 RoleManager 类,该类中定义一个 User 类的实例,可以保存当前登录用户的相关信息。

【参考解决方案】

(1) 搭建项目的业务逻辑层。

单击"文件"→"新建"→"项目"菜单,弹出"添加新项目"窗口。如图 S5-5 所示,项目的模板选择"类库",输入项目名称"BLL",选择位置。单击"确定"按钮后,在"解决方案资源管理器"窗口中会显示"BLL"项目,如图 S5-6 所示。

图 S5-5　添加业务逻辑类库　　　　　　图 S5-6　显示结果

项目采用分层架构,便于代码的组织、维护及可重用性。通常 BLL 代表业务逻辑层,Models 代表模型层,DAL 代表数据访问层(见后续内容),项目中的窗体代表视图层(也称为表示层)。

(2) 添加 Models 类库的引用。

在解决方案窗口中，右击"BLL"项目，选择"添加引用"，如图 S5-7 所示。

在弹出的如图 S5-8 所示的"添加引用"窗口中，选择"项目"选项卡，选中"Models"项目，并单击"确定"按钮。

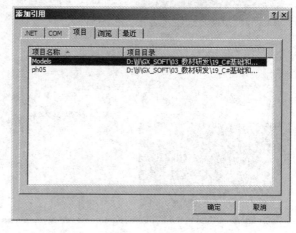

图 S5-7　添加引用　　　　　　　　　图 S5-8　选择类库

如图 S5-9 所示，BLL 项目中添加了"Models"类库的引用，如此在该项目中就可使用 Models 项目中定义的 User 类。

图 S5-9　显示结果

> **注意**：如果项目中没有"引用"文件夹，则可以单击"项目"→"显示所有文件"菜单，或者单击"解决方案资源管理器"下的按钮。

(3) 创建 RoleManager 类。

如图 S5-10 所示，右击"BLL"项目，选择"添加"→"类"。

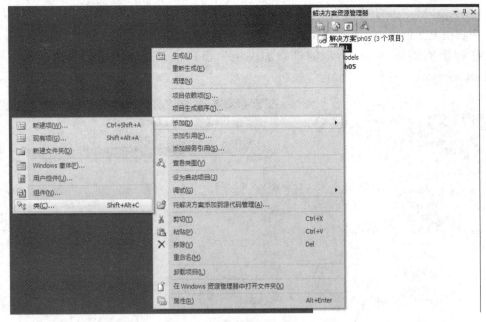

图 S5-10 添加"类"

在弹出的"添加新项"窗口中输入名称"RoleManager.cs",单击"添加"按钮,如图 S5-11 所示。

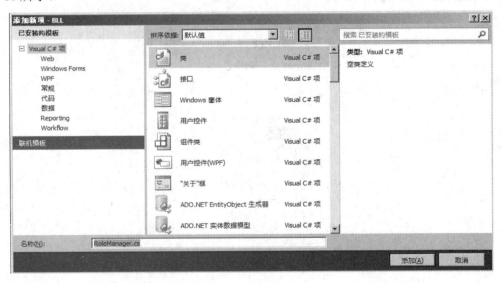

图 S5-11 修改类名称

编辑 RoleManager 类,其代码如下:

```
public class RoleManager
{
    //定义一个 User 对象用于保存当前用户信息
    public static User curUser = new Models.User();
}
```

实践 5.3

当用户登录成功时，使用 User 类保存用户信息，并实现用户权限控制。当用户是普通员工时，隐藏主界面中的"用户管理"菜单及对应的快捷按钮。

【分析】

(1) 在项目中添加 Models 和 BLL 类库的引用。

(2) 修改 LoginForm 程序，当用户登录成功时，将当前用户的信息保存到 User 对象中。

(3) 修改 MainForm 程序，根据 User 对象的 Role 属性进行权限控制。

【参考解决方案】

(1) 添加 Models 和 BLL 类库的引用。

在解决方案窗口的项目中，右击 "ph05" 选择 "添加引用"，如图 S5-12 所示。

在弹出的如图 S5-13 所示的 "添加引用" 窗口中，选择 "项目" 选项卡，选中 "BLL" 和 "Models" 项目，并单击 "确定" 按钮。

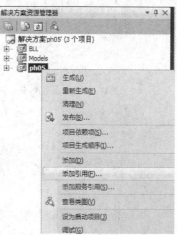

图 S5-12　添加引用

如图 S5-14 所示，项目中添加了 "Models" 类库的引用，如此在该项目中就可使用 Models 项目中定义的 User 类。

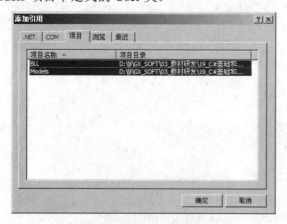

图 S5-13　选择引用项

图 S5-14　引用结果

(2) 修改 LoginForm 程序。

修改后的 LoginForm.cs 的代码如下：

```
public partial class LoginForm
{
    public LoginForm()
    {
        InitializeComponent();
```

```csharp
}
public void btnLogin_Click(System.Object sender, System.EventArgs e)
{
    string strName = txtName.Text;
    string strPwd = txtPwd.Text;
    if (string.IsNullOrEmpty(strName))
    {
        MessageBox.Show("用户名不能为空", "提示", MessageBoxButtons.OK,
            MessageBoxIcon.Information);
        txtName.Focus();
        return;
    }
    if (string.IsNullOrEmpty(strPwd))
    {
        MessageBox.Show("密码不能为空", "提示", MessageBoxButtons.OK,
            MessageBoxIcon.Information);
        txtPwd.Focus();
        return;
    }
    if (strName == "zhangsan" && strPwd == "123")
    {
        BLL.RoleManager.curUser.Name = strName;
        BLL.RoleManager.curUser.Pwd = strPwd;
        BLL.RoleManager.curUser.Role = 1;
        this.Hide();
        MainForm frm = new MainForm();
        frm.Show();
    }
    else
    {
        MessageBox.Show("错误的用户名或密码", "提示", MessageBoxButtons.OK,
            MessageBoxIcon.Information);
    }
}
public void btnExit_Click(System.Object sender, System.EventArgs e)
{
    Application.Exit();
}
}
```

当用户登录成功时,将当前用户的信息保存到 CurUser 对象的相应属性中,以便在其他窗口中获取当前登录的用户信息。

(3) 修改 MainForm 程序。

在 MainForm 窗口中添加窗体的 Load 事件。Load 事件处理过程的代码如下:

```
void MainForm_Load(object sender, EventArgs e)
{
    //当前用户是普通员工,则因此相应的菜单
    if (BLL.RoleManager.curUser.Role == 0)
    {
        miUserManage.Visible = false;
        miNewUser.Visible = false;
        miEditUser.Visible = false;
    }
}
```

(4) 运行程序。

登录成功时显示的主界面如图 S5-15 所示,此时主界面隐藏"用户管理"菜单及对应的快捷按钮。

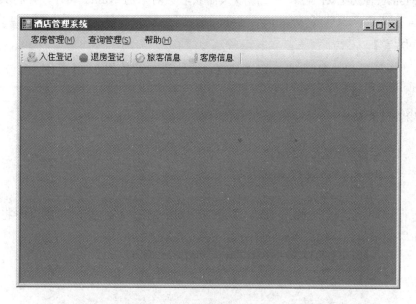

图 S5-15　普通用户运行结果

修改 LoginForm 程序,将语句:

```
BLL.RoleManager.curUser.Role = 0    //普通员工
```

改为

```
BLL.RoleManager.curUser.Role =1    //管理员权限
```

运行结果如图 S5-16 所示,此时主界面将显示"用户管理"菜单及对应的快捷按钮等功能。

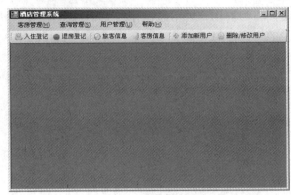

图 S5-16　管理员运行结果

实 践 5.4

在"入住登记"窗口的操作员文本框中，显示当前登录用户的姓名。

【分析】

在"入住登记"窗口中添加 Load 事件。因为用户登录成功后，当前用户的信息会保存在 RoleManager.CurUser 对象中，所以只需获取该对象的 Name 属性，并将其显示在操作员文本框中即可。

【参考解决方案】

(1) 在"入住登记"窗口(RegisterRoomForm)中添加窗体的 Load 事件。

Load 事件处理过程的代码如下：

```
void RegisterRoomForm_Load(object sender, EventArgs e)
{
    //在操作员文本框中显示登录的用户名
    txtOper.Text = BLL.RoleManager.curUser.Name;
}
```

(2) 运行程序，当以"zhangsan"登录成功时，在"入住登记"窗口中将自动显示"zhangsan"操作员名，如图 S5-17 所示。

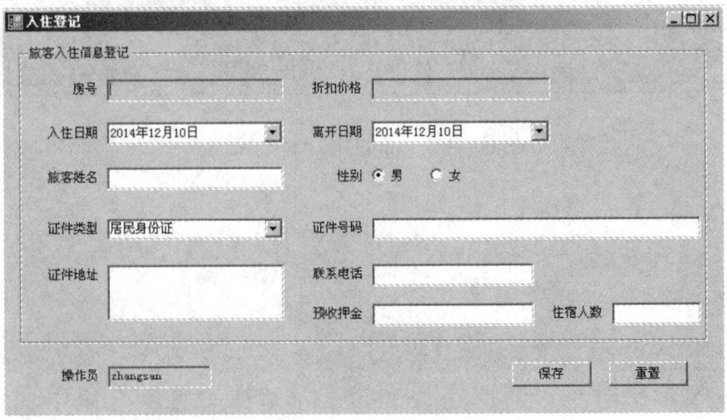

图 S5-17　"入住登记"窗口

知识拓展

.NET Framework 中提供了大量的控件,但还会出现已有控件不能很好地满足需求的情况,如果要求的功能需要多次重用,则定义新的控件是优先考虑的解决方案。开发人员可以根据需要自己定义三种形式的控件:

- ◇ 继承的用户控件。
- ◇ 用户控件。
- ◇ 自定义控件。

1. 继承的用户控件

继承的用户控件是指在已有控件的基础上扩展功能,实际上就是已有控件的子类。当某个控件已实现了需要的大部分功能,只需要添加少数功能,并且这个控件的图形界面满足要求,不需要重新设计图形接口时,使用继承的用户控件是一种合适的解决方案。

下列示例中的控件继承了 TextBox,并且扩展了功能,使其只能输入整数。当输入的不是整数时,会自动将背景色变为浅红色。

```csharp
public class NumberTextBox : TextBox
{
    //验证不通过时会修改背景色,所以需要一个变量存下以前的背景色,以便验证成功后改回
    private Color bgColor;
    //重写 BackColor 属性
    public override System.Drawing.Color BackColor
    {
        get
        {
            return base.BackColor;
        }
        set
        {
            bgColor = value;                    //暂存背景色
            base.BackColor = value;
        }
    }
    //重写验证过程
    protected override void OnValidating (System.ComponentModel.CancelEventArgs e)
    {
        base.OnValidating(e);
        foreach (var c in Text)
        {
            if (!char.IsDigit(c))
```

```
            {
                e.Cancel = true;
                base.BackColor = Color.LightPink;        //改背景色
                return;
            }
        }
        BackColor = bgColor;                             //验证成功,改回背景色
    }
}
```

上述代码中,类 NumberTextBox 继承了 TextBox,是一个继承的自定义控件。NumberTextBox 重写了 TextBox 的 OnValidating 过程。在检查当前输入的文本时,如果不是整数,则修改背景色,如果是整数,则改回原来的背景色。从验证失败状态变为成功状态时,为了找回原来的背景色,NumberTextBox 类中增加了一个私有变量 bgColor,用于暂存原来的背景色。

上述控件代码编译成功后,在工具箱中会出现此控件,如图 S5-18 所示。

在窗体设计界面中,可以直接使用此控件。在新建窗体中放置两个 NumberTextBox 控件,并修改其背景色,如图 S5-19 所示。

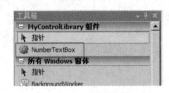
图 S5-18 显示结果

图 S5-19 修改背景色

运行后,NumberTextBox 控件中输入的内容不是整数并且要失去焦点时,其背景色会自动改变,如图 S5-20 所示。

当输入内容为整数时,会变为原来的背景色,如图 S5-21 所示。

图 S5-20 运行结果(1)

图 S5-21 运行结果(2)

2. 用户控件

一般的用户控件是指使用多个已有控件组合而成的新控件,即复合控件。从面向对象的角度来讲,这是组合的概念,实际上就是在新控件的类中包含多个已有控件类型的属性。当需要的功能可以通过多个已有控件结合的方式实现时,可以使用此种类型的用户控件。用户控件需要继承 System.Windows.Forms.UserControl。

下面的示例使用 Label 和 Timer 控件组合成为一个可重用的新控件，可以动态显示当前时间。

在项目中添加新项时选择"用户控件"，如图 S5-22 所示。

图 S5-22　添加"用户控件"

单击"添加"按钮后，会出现用户控件的设计界面，如图 S5-23 所示。

放置一个 Label 控件和一个 Timer 控件，并调整面板至合适的尺寸，如图 S5-24 所示。

 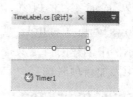

图 S5-23　用户控件的设计界面　　　　　　图 S5-24　修改界面

将 Label1 的 Text 属性设置为空，Timer1 的 Enabled 属性设置为 True，编写 Timer1 的 Tick 事件处理过程，代码如下：

```
public partial class TimeLabel
{
    public TimeLabel()
    {
        InitializeComponent();
    }

    public void Timer1_Tick(System.Object sender, System.EventArgs e)
    {
        Label1.Text = DateTime.Now.ToString();
    }
}
```

在上述代码 Timer1 控件的 Tick 事件中，修改 Label1 的 Text 为当前时间。

编译成功后，在工具箱中会出现 TimeLabel 控件，如图 S5-25 所示。

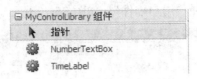

图 S5-25　工具箱窗口

在窗体设计界面中，可以直接使用此控件。在新建窗体中放置此控件，如图 S5-26 所示。

运行项目，界面中将动态显示当前的时间，如图 S5-27 所示。

图 S5-26　运行结果(1)　　　　　　　　图 S5-27　运行结果(2)

3. 自定义控件

自定义控件是指完全重新开发的控件。当已有控件无法提供需要的功能，并且需要特殊的图形界面时，可以使用自定义控件来实现。自定义控件需要继承 System.Windows.Forms.Control，通常还需要覆盖 Control 的 OnPaint 过程。

下面的示例中创建的自定义控件可以显示一个时钟。

在项目中添加新项时选择"自定义控件"，如图 S5-28 所示。

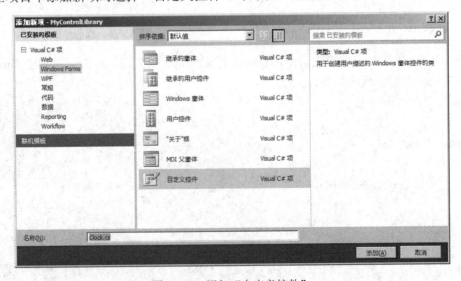

图 S5-28　添加"自定义控件"

编写时钟控件的代码。首先定义一个 Timer 属性用于计时，还需要一个 ClockBack-Color 属性代表表盘的颜色，在构造方法中启动 Timer。代码如下：

```
//定义一个计时器
private Timer t = new Timer();
private Color clockbgcolor;

public Clock()
{
    clockbgcolor = BackColor;

    InitializeComponent();

    //启用双缓冲
    SetStyle(ControlStyles.OptimizedDoubleBuffer, true);
    t.Interval = 1000;         //每隔1秒重画
    t.Enabled = true;          //启用计时器
    t.Tick += new System.EventHandler(tick);
}

// 表盘的背景色
public Color ClockBackColor
{
    get
    {
        return clockbgcolor;
    }
    set
    {
        clockbgcolor = value;
    }
}
```

为了避免重画控件时画面闪烁，构造方法中使用下列语句启用了双缓冲：
SetStyle(ControlStyles.OptimizedDoubleBuffer, True);

在 Timer 的 Tick 事件中，需要调用控件的 Refresh 过程，以每隔 1 秒重画一次控件。代码如下：

```
//Timer 的 Tick 事件中重画
public void tick(object sender, EventArgs e)
{
    this.Refresh();              //重画整个图形，会调用 OnPaint 过程
}
```

控件的 Refresh 过程会调用 OnPaint 过程，在 OnPaint 过程中完成图形绘制。OnPaint

过程中,首先通过 PaintEventArgs 的 Graphics 属性得到绘制的图形,所有绘图都需要通过 Graphics 来绘制;然后定义画笔(Pen)和画刷(Brush),Pen 可以画线条,Brush 可以填充区域。代码如下:

```
var g = e.Graphics;                         //画布
var p = new Pen(ForeColor);                 //画笔,用来画线
var b = new SolidBrush(ClockBackColor);     //画刷,用来填充区域
```

为了图像平滑,通过下列语句启用了抗锯齿效果:

```
g.SmoothingMode = Drawing2D.SmoothingMode.HighQuality;
```

在控件的宽度和高度之间选择小的一项计算出表盘的半径,后续计算都以此半径为基础,这样在表盘缩放时,可以使刻度、指针等也随之缩放。代码如下:

```
//表盘半径
var r = Width / 2;
if (Height < Width)
{
    r = Height / 2;
}
//使坐标原点移动到钟表的中心,方便后续计算
g.TranslateTransform(r, System.Convert.ToSingle(r));
//使半径适当缩小,避免边缘像素缺失
r = (int)(r * 0.95);
//直径
var d = 2 * r;
```

上述代码中,使用 Graphics 的 TranslateTransform()方法变换坐标系,使原点移动到表盘的中心,这样后续计算坐标时比较方便。

然后绘制表盘,需要画出表盘的外部圆形边框、填充表盘的背景、画出表盘的中心点。代码如下:

```
//画表盘
p.Width = r / 64;
if (p.Width == 0)
{
    p.Width = 1;
}
//表盘外框
g.DrawEllipse(p, System.Convert.ToInt32(-r), System.Convert.ToInt32(-r), d, d);
//表盘背景
g.FillEllipse(b, System.Convert.ToInt32(-r), System.Convert.ToInt32(-r), d, d);
//表盘中心
g.FillEllipse(new SolidBrush(ForeColor), System.Convert.ToInt32(-r / 32), System.Convert.ToInt32(-r / 32),
    System.Convert.ToInt32(r / 16), System.Convert.ToInt32(r / 16));
```

绘制表盘的刻度。按照现实中的表盘样式，刻度有 5 分、10 分等的大刻度和其他的小刻度，需要分别绘制。

```
//画刻度
//设置刻度粗细，根据时钟的大小自适应
p.Width = r / 32;
if (p.Width == 0)
{
    p.Width = 1;
}
//共 60 个刻度
for (var i = 0; i <= 59; i++)
{
    if (i % 5 == 0)                    //大刻度
    {
        g.DrawLine(p, 0, System.Convert.ToInt32(-r), 0, System.Convert.ToInt32(-r + r / 8));
    }
    else                               //小刻度
    {
        g.DrawLine(p, 0, System.Convert.ToInt32(-r), 0, System.Convert.ToInt32(-r + r / 32));
    }
    g.RotateTransform(6);//坐标旋转 6 度(1 个刻度是 6 角度)
}
```

上述代码中，使用 Graphics 的 RotateTransform 方法在每绘制一个刻度后旋转 6 角度。

最后，根据当前时间绘制时针、分针、秒针。需要根据时间计算出指针旋转的角度。代码如下：

```
var n = DateTime.Now;
//时针
var gs = g.Save();                    //保存当前状态
//时针 1 小时走 30 角度，1 分钟走 0.5 角度
g.RotateTransform(n.Hour * 30 + n.Minute / 2);
p.Width = r / 16;                     //时针粗细
if (p.Width == 0)
{
    p.Width = 1;
}
//画时针，其长度为半径的一半
g.DrawLine(p, 0, 0, 0, System.Convert.ToInt32(-r / 2));
g.Restore(gs); //恢复状态
//分针
```

```
gs = g.Save();                          //保存当前状态
//分针 1 分钟走 6 角度，1 秒钟走 0.1 角度
g.RotateTransform(n.Minute * 6 + n.Second / 10);
p.Width = r / 32;                       //分针粗细
if (p.Width == 0)
{
    p.Width = 1;
}
//画分针，其长度为半径的 3/4
g.DrawLine(p, 0, 0, 0, System.Convert.ToInt32(-r * 3 / 4));
g.Restore(gs); //恢复状态
//秒针
gs = g.Save();                          //保存当前状态
//秒针 1 秒钟走 6 角度
g.RotateTransform(n.Second * 6);
p.Width = r / 64;                       //秒针粗细
if (p.Width == 0)
{
    p.Width = 1;
}
//画秒针，其长度为半径的 9/10
g.DrawLine(p, 0, 0, 0, System.Convert.ToInt32(-r * 9 / 10));
g.Restore(gs);                          //恢复状态
```

至此，钟表自定义控件的代码编写完毕。编译成功后，在工具箱中会出现 Clock 控件，如图 S5-29 所示。

在窗体设计界面中，可以直接使用此控件。在新建窗体中放置此控件，并修改 ClockBackColor 和 ForeColor 属性，为支持缩放，可将 Anchor 属性设置为"Top, Bottom, Left, Right"，如图 S5-30 所示。

图 S5-29　工具箱窗口

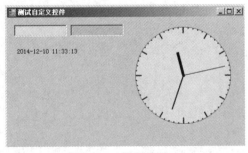

图 S5-30　运行结果(1)

运行项目，会显示当前时间，并且指针会每秒移动一次，如图 S5-31 所示。

当调整窗口尺寸时，表盘会随之缩放，并且刻度、指针也会相应地变粗或变细，如图 S5-32 所示。

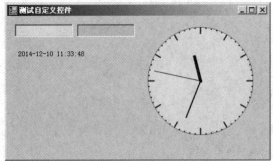

图 S5-31　运行结果(2)

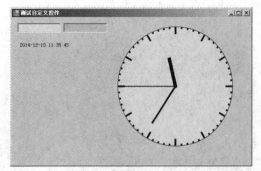

图 S5-32　运行结果(3)

整个时钟控件的代码如下：

```
public partial class Clock
{
    //定义一个计时器
    private Timer t = new Timer();
    private Color clockbgcolor;
    public Clock()
    {
        clockbgcolor = BackColor;
        InitializeComponent();
        //启用双缓冲
        SetStyle(ControlStyles.OptimizedDoubleBuffer, true);
        t.Interval = 1000;              //每隔1秒重画
        t.Enabled = true;               //启用计时器
        t.Tick += new System.EventHandler(tick);
    }
    // 表盘的背景色
    public Color ClockBackColor
    {
        get
        {
            return clockbgcolor;
        }
        set
        {
            clockbgcolor = value;
        }
    }
    //覆盖 OnPaint 过程
    protected override void OnPaint(System.Windows.Forms.PaintEventArgs e)
```

```csharp
{
    base.OnPaint(e);
    if (Width == 0 | Height == 0)
    {
        return;
    }
    var g = e.Graphics;                              //画布
    var p = new Pen(ForeColor);                      //画笔,用来画线
    var b = new SolidBrush(ClockBackColor);          //画刷,用来填充区域
    //抗锯齿
    g.SmoothingMode = System.Drawing.Drawing2D.SmoothingMode.HighQuality;
    //表盘半径
    var r = Width / 2;
    if (Height < Width)
    {
        r = Height / 2;
    }
    //使坐标原点移动到钟表的中心,方便后续计算
    g.TranslateTransform(r, System.Convert.ToSingle(r));
    //使半径适当缩小,避免边缘像素缺失
    r = (int)(r * 0.95);
    //直径
    var d = 2 * r;
    //画表盘
    p.Width = r / 64;
    if (p.Width == 0)
    {
        p.Width = 1;
    }
    //表盘外框
    g.DrawEllipse(p, System.Convert.ToInt32(-r), System.Convert.ToInt32(-r), d, d);
    //表盘背景
    g.FillEllipse(b, System.Convert.ToInt32(-r), System.Convert.ToInt32(-r), d, d);
    //表盘中心
    g.FillEllipse(new SolidBrush(ForeColor),
        System.Convert.ToInt32(-r / 32), System.Convert.ToInt32(-r / 32),
        System.Convert.ToInt32(r / 16), System.Convert.ToInt32(r / 16));
    //画刻度
    //设置刻度粗细,根据时钟的大小自适应
```

```csharp
    p.Width = r / 32;
    if (p.Width == 0)
    {
        p.Width = 1;
    }
    //共 60 个刻度
    for (var i = 0; i <= 59; i++)
    {
        if (i % 5 == 0)                          //大刻度
        {
            g.DrawLine(p, 0, System.Convert.ToInt32(-r), 0, System.Convert.ToInt32(-r + r / 8));
        }
        else //小刻度
        {
            g.DrawLine(p, 0, System.Convert.ToInt32(-r), 0,
                System.Convert.ToInt32(-r + r / 32));
        }
        g.RotateTransform(6);        //坐标旋转 6 度(1 个刻度是 6 角度)
    }
    var n = DateTime.Now;
    //时针
    var gs = g.Save();               //保存当前状态
    //时针 1 小时走 30 角度，1 分钟走 0.5 角度
    g.RotateTransform(n.Hour * 30 + n.Minute / 2);
    p.Width = r / 16;                //时针粗细
    if (p.Width == 0)
    {
        p.Width = 1;
    }
    //画时针，其长度为半径的一半
    g.DrawLine(p, 0, 0, 0, System.Convert.ToInt32(-r / 2));
    g.Restore(gs);                   //恢复状态
    //分针
    gs = g.Save();                   //保存当前状态
    //分针 1 分钟走 6 角度，1 秒钟走 0.1 角度
    g.RotateTransform(n.Minute * 6 + n.Second / 10);
    p.Width = r / 32;                //分针粗细
    if (p.Width == 0)
    {
```

```
            p.Width = 1;
        }
        //画分针，其长度为半径的 3/4
        g.DrawLine(p, 0, 0, 0, System.Convert.ToInt32(-r * 3 / 4));
        g.Restore(gs);                   //恢复状态
        //秒针
        gs = g.Save();                   //保存当前状态
        //秒针 1 秒钟走 6 角度
        g.RotateTransform(n.Second * 6);
        p.Width = r / 64;                //秒针粗细
        if (p.Width == 0)
        {
            p.Width = 1;
        }
        //画秒针，其长度为半径的 9/10
        g.DrawLine(p, 0, 0, 0, System.Convert.ToInt32(-r * 9 / 10));
        g.Restore(gs);                   //恢复状态
    }
    //Timer 的 Tick 事件中重画
    public void tick(object sender, EventArgs e)
    {
        this.Refresh();                  //重画整个图形，会调用 OnPaint 过程
    }
}
```

 拓展练习

练习 5.1
创建一个继承用户控件并应用。

练习 5.2
创建一个用户控件并应用。

练习 5.3
创建一个自定义控件并应用。

实践 6 ADO.NET 数据库访问

 实践指导

实 践 6.1

下载并安装 SQL Server 2008。

【分析】
(1) 在微软的官方网站下载 SQL Server 2008 中文安装文件。
(2) 安装 SQL Server 2008。

【参考解决方案】
(1) 下载 SQL Server 2008。

进入微软官方网站的下载中心(http://www.microsoft.com/downloads/en/default.aspx)，下载 SQL Server 2008。下载完毕解压后如图 S6-1 所示。

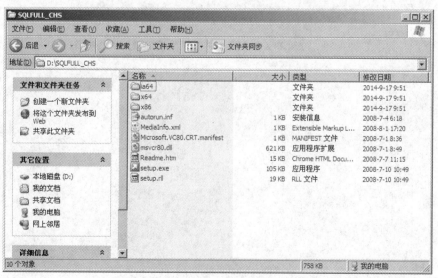

图 S6-1 安装文件

(2) 安装 SQL Server 2008。

单击"setup.exe"安装文件，如图 S6-2 所示，进入安装程序界面，单击"全新 SQL Server 独立安装或向现有安装添加功能"。

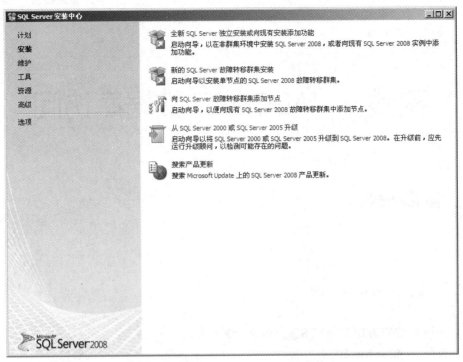

图 S6-2　安装界面

进入"安装程序支持规则"窗口，检测完毕后单击"确定"按钮，如图 S6-3 所示。

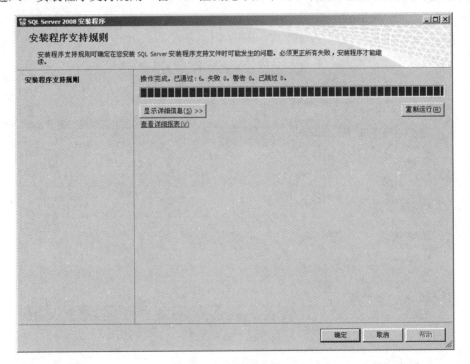

图 S6-3　检测安装

进入"安装类型"窗口，选中"执行 SQL Server 2008 的全新安装"，如图 S6-4 所示,单击"下一步"按钮。

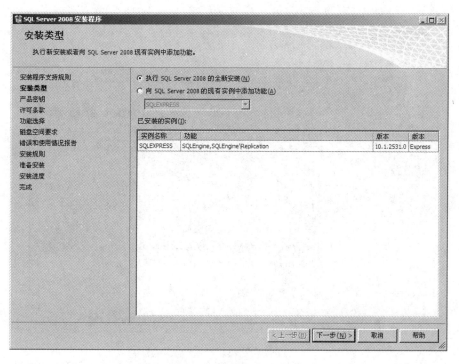

图 S6-4 选择安装类型

如图 S6-5 所示,进入"产品密钥"窗口,选中"Enterprise Evaluation",单击"下一步"按钮。

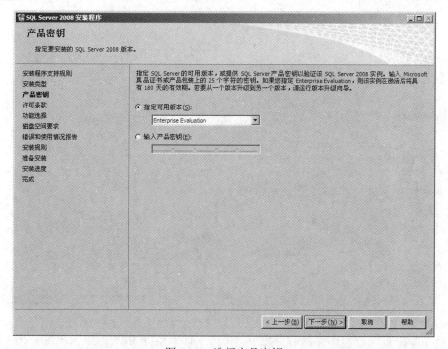

图 S6-5 选择产品密钥

如图 S6-6 所示，进入"许可条款"窗口，选中"我接受许可条款"，单击"下一步"按钮。

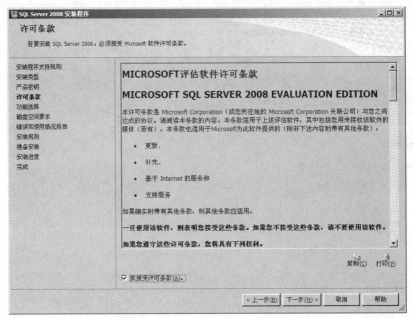

图 S6-6　同意条款

如图 S6-7 所示，进入"功能选择"窗口，单击下方的"全选"按钮，再单击"下一步"按钮。

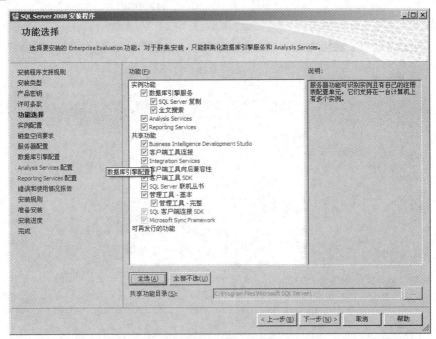

图 S6-7　选择安装内容

在"实例配置"窗口中，选择"默认实例"，如图 S6-8 所示，单击"下一步"按钮。

实践 6　ADO.NET 数据库访问

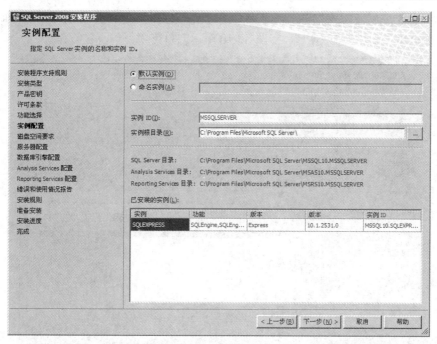

图 S6-8　选择安装实例

如图 S6-9 所示，在"服务器配置"窗口中，单击"对所有 SQL Server 服务使用相同的帐户"，在弹出框中帐户名选择"NT AUTHORITY/NETWORKSERVICE"，单击确定并单击"下一步"按钮。

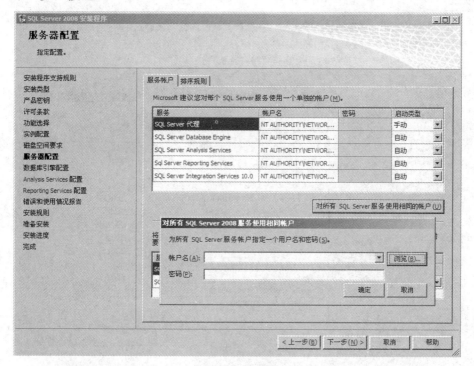

图 S6-9　设置账号

WinForm 程序设计及实践

进入"数据库引擎配置"窗口，选中"混合模式(SQL Server 身份验证和 Windows 身份验证)"，并单击"添加当前用户"，如图 S6-10 所示，单击"下一步"按钮。

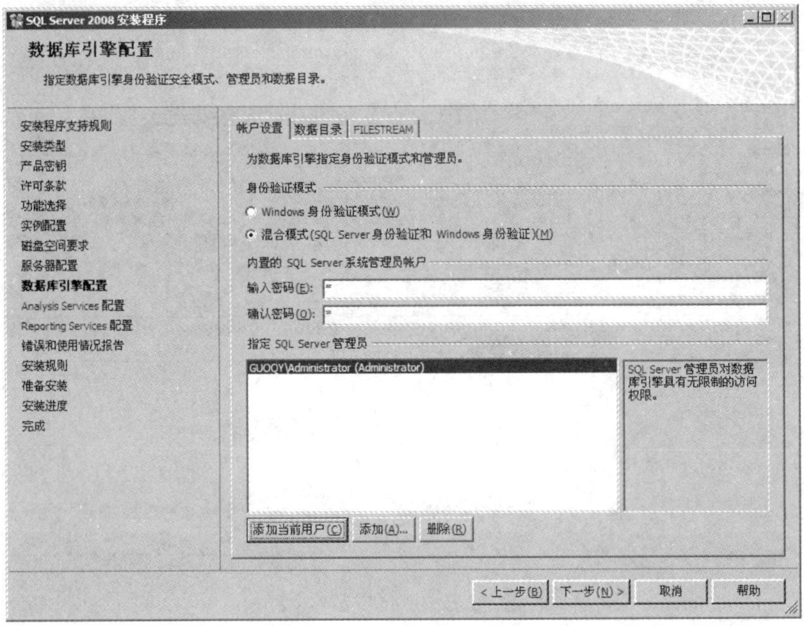

图 S6-10 选择混合模式

接连单击"下一步"按钮，进入"安装规则"窗口，如图 S6-11 所示，单击"下一步"按钮。

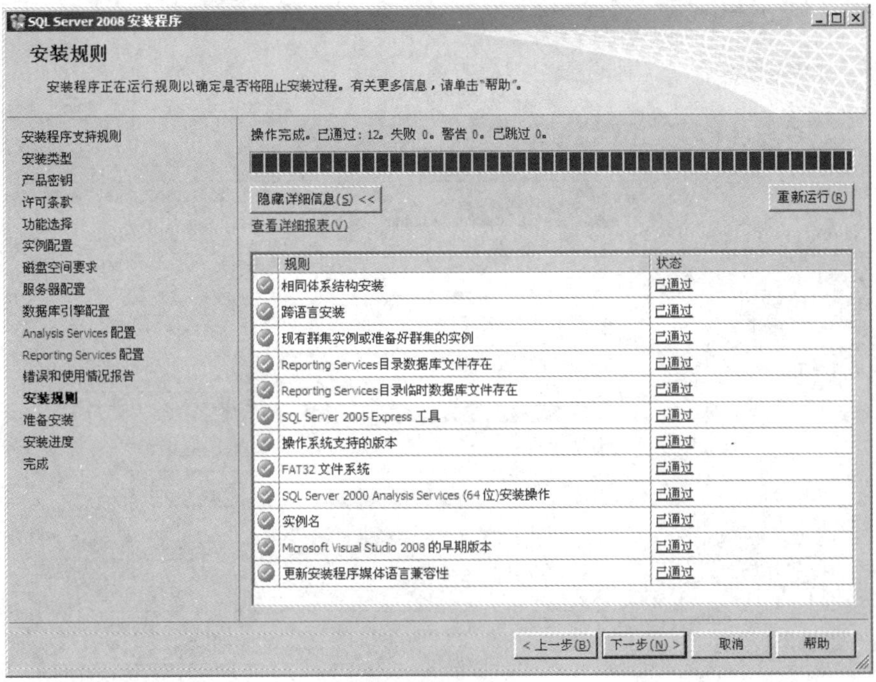

图 S6-11 安装规则

如图 S6-12 所示,程序安装进行中。

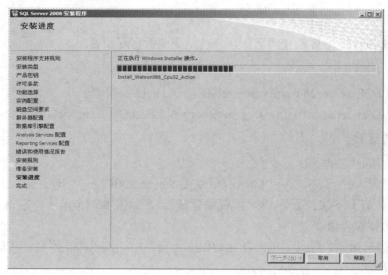

图 S6-12　安装界面

如图 S6-13 所示,安装完成。

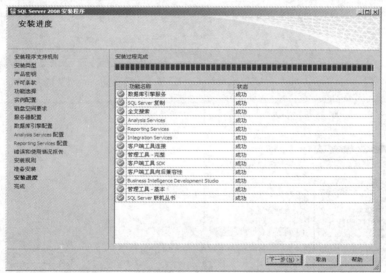

图 S6-13　安装完成

在"开始"→"程序"菜单中将会看到"Microsoft SQL Server 2008"→"SQL Server Management Studio"菜单,如图 S6-14 所示。

图 S6-14　安装结果

实践 6.2

使用 SQL Server 2008 创建酒店管理系统所需的数据库和表。

【分析】

(1) 使用 SQL Server Management Studio 创建 Hotel 数据库。

(2) 创建 UserDetail、Room、RegisterRoom 和 CheckOutRoom 表。

【参考解决方案】

(1) 创建 Hotel 数据库。

单击"开始"→"程序"→"Microsoft SQL Server 2008"→"SQL Server Management Studio"菜单,打开 SQL Server"对象资源管理器"。如图 S6-15 所示,右击"数据库",选择"新建数据库"命令。

如图 S6-16 所示,在打开的"新建数据库"窗口中,输入数据库名称"Hotel",单击"确定"按钮。

图 S6-15 新建数据库　　　　　　图 S6-16 输入数据库名称

(2) 创建 Hotel 数据库中的表。

如图 S6-17 所示,右击"表",选择"新建表"命令,可以在 Hotel 数据库中添加新表。

在 Hotel 数据库中需要新建 4 个表:UserDetail、Room、RegisterRoom 和 CheckOutRoom,如图 S6-18 所示。

UserDetails(用户信息)表的设计如图 S6-19 所示。

如图 S6-20 所示,在 UserDetails 表中添加记录数据。

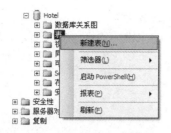

图 S6-17　新建表

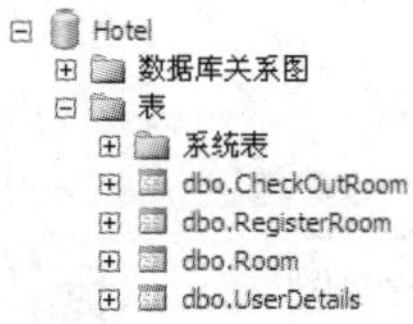

图 S6-18　显示表

GUOQY.Hotel - dbo.UserDetails

列名	数据类型	允许 Null 值
userName	varchar(20)	☐
userPwd	nvarchar(20)	☐
role	int	☐
note	varchar(500)	☑
		☐

图 S6-19　设计 UserDetails 表

GUOQY.Hotel - dbo.UserDetails

userName	userPwd	role	note
lisi	lisi	1	NULL
wangwu	1234567	0	NULL
zhangsan	123	1	NULL
NULL	NULL	NULL	NULL

图 S6-20　在 UserDetails 表中插入记录

Room(房间信息)表的设计如图 S6-21 所示。

GUOQY.Hotel - dbo.Room

列名	数据类型	允许 Null 值
roomId	varchar(30)	☐
roomType	varchar(30)	☐
roomFloor	varchar(20)	☐
Price	money	☐
personNum	int	☐
inPerson	int	☐
note	varchar(250)	☑
		☐

图 S6-21　设计 Room 表

如图 S6-22 所示，在 Room 表中添加记录数据。

GUOQY.Hotel - dbo.Room

roomId	roomType	roomFloor	Price	personNum	inPerson	note
101	三人间	1	210.0000	3	2	三人间
102	标准间	1	180.0000	2	2	标准间
103	标准间	1	180.0000	2	0	标准间
104	单人间	1	100.0000	1	0	单人间
105	四人间	1	260.0000	4	4	四人间
106	单人间	1	100.0000	1	0	单人间
201	双人间	1	150.0000	2	0	NULL
202	单人间	1	100.0000	1	0	NULL
203	双人间	1	150.0000	2	0	NULL
204	单人间	1	100.0000	1	0	NULL
205	双人间	1	150.0000	2	0	NULL
206	三人间	1	210.0000	3	0	NULL
301	四人间	1	260.0000	4	0	NULL
302	三人间	1	210.0000	3	0	NULL
303	四人间	1	260.0000	4	0	NULL
304	三人间	1	210.0000	3	0	NULL
305	四人间	1	260.0000	4	0	NULL
306	豪华间	1	300.0000	1	1	NULL
NULL	NULL	NULL	NULL	NULL	NULL	NULL

图 S6-22　在 Room 表中插入记录

RegisterRoom(旅客入住登记)表的设计如图 S6-23 所示。

其中，RegisterRoom 表中的 inId 是一个自增长的主键，如图 S6-24 所示，将 inId 字段设为自增长。

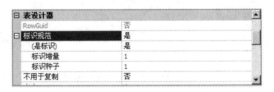

图 S6-23　设计 RegisterRoom 表　　　　图 S6-24　设置自增长

sex 列用于存放客户性别，其数据类型是 bit，False 代表"男"，True 代表"女"。
CheckOutRoom(退房登记)表的设计如图 S6-25 所示。

图 S6-25　设计 CheckOutRoom 表

实 践 6.3

在酒店管理系统中创建数据库访问层，并在此类库中添加数据库访问类，其中访问数据库的连接字符串写在项目的配置文件中。

【分析】

(1) 在项目中添加应用程序配置文件 app.config，并设置连接字符串的值。

(2) 在项目中添加一个名为 DAL 的类库作为数据库访问层。

(3) 在 DAL 类库中添加一个 DBOper 类，该类提供数据库的连接、查询、更新等基本访问方法。

实践 6　ADO.NET 数据库访问

【参考解决方案】

(1) 添加应用程序配置文件。

在解决方案窗口，右击"ph05"项目，选择"添加"→"新建项"命令，如图 S6-26 所示。

图 S6-26　添加"新建项"

在打开的"添加新项"窗口中，选择"应用程序配置文件"，配置文件的名称为"app.config"，然后单击"添加"按钮，将其添加到应用程序中，如图 S6-27 所示。

图 S6-27　添加应用程序配置文件

此时配置文件 app.config 已经添加到项目中，如图 S6-28 所示。

图 S6-28　添加结果

打开 app.confing 文件，在此配置文件中添加一个 connectionStrings 标签，代码如下：

```
<connectionStrings>
    <add connectionString="Data Source=.;Initial Catalog=Hotel;
        User ID=sa;Password=a" name="HotelConStr" />
</connectionStrings>
```

(2) 搭建项目的数据库访问层。

单击"文件"→"新建"→"项目"菜单，弹出"添加新项目"窗口。如图 S6-29 所示，项目的模板选择"类库"，输入项目名称"DAL"，单击"确定"按钮。

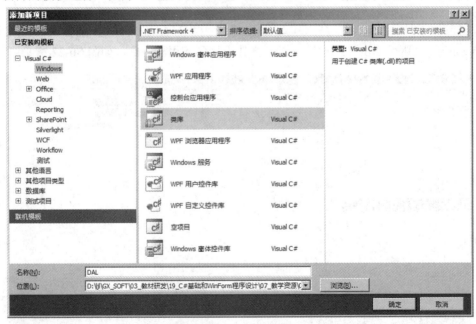

图 S6-29　添加类库

在"解决方案资源管理器"窗口中会显示"DAL"项目，如图 S6-30 所示。

图 S6-30　添加结果

(3) 创建 DBOper 类。

在 DAL 类库中创建 DBOper 类，该类的代码如下：

```csharp
public class DBOper
{
    //连接对象的私有字段
    private static SqlConnection conn;
    //连接对象的属性
    public static SqlConnection Connection
    {
        get
        {
            if (conn == null)
            {
                //从配置文件中获取连接字符串
                string connStr = ConfigurationManager.
                    ConnectionStrings["HotelConStr"].ConnectionString;
                conn = new SqlConnection(connStr);
                conn.Open();
            }
            else if (conn.State == ConnectionState.Closed)
            {
                conn.Open();
            }
            else if (conn.State == ConnectionState.Broken)
            {
                conn.Close();
                conn.Open();
            }
            return conn;
        }
    }
    //不带参数的执行
```

```csharp
public static int ExecuteCommand(string sql)
{
    SqlCommand cmd = new SqlCommand(sql, Connection);
    return cmd.ExecuteNonQuery();
}
//带参数的执行
 public static int ExecuteCommand(string sql,
     params SqlParameter[] values)
{
    SqlCommand cmd = new SqlCommand(sql, Connection);
    cmd.Parameters.AddRange(values);
    return cmd.ExecuteNonQuery();
}
//不带参数的获取数据读取器
public static SqlDataReader GetReader(string sql)
{
    SqlCommand cmd = new SqlCommand(sql, Connection);
    return cmd.ExecuteReader();
}
//带参数的获取数据读取器
 public static SqlDataReader GetReader(string sql, params SqlParameter[] values)
{
    SqlCommand cmd = new SqlCommand(sql, Connection);
    cmd.Parameters.AddRange(values);
    return cmd.ExecuteReader();
}
//不带参数的获取数据集中的表
public static DataTable GetDataTable(string sql)
{
    SqlDataAdapter da = new SqlDataAdapter(sql, Connection);
    DataSet ds = new DataSet();
    da.Fill(ds);
    return ds.Tables[0];
}
//带参数的获取数据集中的表
 public static DataTable GetDataTable(string sql, params SqlParameter[] values)
{
    SqlCommand cmd = new SqlCommand(sql, Connection);
    cmd.Parameters.AddRange(values);
```

```
        SqlDataAdapter da = new SqlDataAdapter(cmd);
        DataSet ds = new DataSet();
        da.Fill(ds);
        return ds.Tables[0];
    }
}
```

DBOper 类中的属性和方法都是"静态(static)"的,即这些属性和方法可以直接调用,无需通过类的实例对象进行访问。

在定义 Connection 属性时,必须使用"ReadOnly(只读)"关键字,因为该属性只提供了 get 子过程,而没有提供 set 子过程。另外使用 ConfigurationManager.ConnectionStrings 获取配置文件中的连接字符串时需要添加 System.Configuration 的引用,如图 S6-31 所示。

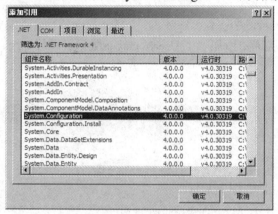

图 S6-31 "添加引用"对话框

DBOper 类提供了访问数据库的基本方法,可以用于数据库的连接、查询和执行等操作。

实 践 6.4

修改酒店管理系统中的登录模块,当登录时连接数据库,查询用户信息。

【分析】

(1) 在 BLL 中添加一个 UserManager 类,该类中提供一个根据用户名和密码获取用户的方法。

(2) 修改 LoginForm.cs 程序,当用户登录时调用 BLL 中的 UserManager 类的方法,实现用户登录信息验证的功能。

【参考解决方案】

(1) 在 BLL 中添加 DAL 类库的引用。

在解决方案窗口中,右击"BLL"项目,选择"添加引用"命令,弹出"添加引用"窗口,如图 S6-32 所示,选择"项目"选项卡,选中"DAL"项目,并单击"确定"按钮。

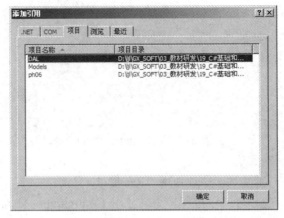

图 S6-32　选择引用项

(2) 创建 UserManager 类。

在业务逻辑 BLL 类库中添加一个 UserManager 类，其代码如下：

```csharp
public class UserManager
{
    public static Models.User GetUser(string name, string pwd)
    {
        Models.User user = null;
        string sql = "select * from UserDetails where userName=\"" +
            name + "\' and userPwd=\"" + pwd + "\"";
        SqlDataReader reader = DAL.DBOper.GetReader(sql);
        if (reader.Read())
        {
            user = new Models.User();
            user.Name = System.Convert.ToString(reader["userName"]);
            user.Password = System.Convert.ToString(reader["userPwd"]);
            user.Role = System.Convert.ToInt32(reader["role"]);
        }
        reader.Close();
        return user;
    }
}
```

在 UserManger 类中定义了一个 GetUser()共享方法，该方法有两个参数。在此方法中根据用户名和密码查询用户信息，并将用户信息保存到 user 对象中，最后返回 user 对象。

(3) 修改 LoginForm。

修改 LoginForm.cs 程序，修改后的代码如下：

```csharp
public partial class LoginForm
```

```
{
    public LoginForm()
    {
        InitializeComponent();
    }
    public void btnLogin_Click(System.Object sender, System.EventArgs e)
    {
        string strName = txtName.Text;
        string strPwd = txtPwd.Text;
        if (string.IsNullOrEmpty(strName))
        {
            MessageBox.Show("用户名不能为空", "提示", MessageBoxButtons.OK,
                MessageBoxIcon.Information);
            txtName.Focus();
            return;
        }
        if (string.IsNullOrEmpty(strPwd))
        {
            MessageBox.Show("密码不能为空", "提示", MessageBoxButtons.OK,
                MessageBoxIcon.Information);
            txtPwd.Focus();
            return;
        }

        Models.User user = BLL.UserManager.GetUser(strName, strPwd);
        if (user == null)
        {
            MessageBox.Show("错误的用户名或密码", "提示", MessageBoxButtons.OK,
                MessageBoxIcon.Information);
        }
        else
        {
            BLL.RoleManager.curUser = user;
            this.Hide();
            MainForm frm = new MainForm();
            frm.Show();
        }
    }
    public void btnExit_Click(System.Object sender, System.EventArgs e)
```

```
    {
        Application.Exit();
    }
}
```

上述代码在"登录系统"按钮的事件处理过程中，调用 BLL.UserManager.GetUser()方法获取用户对象，如果该对象为 null，则说明数据库中没有此用户；否则将此对象保存到 BLL.RoleManager.curUser 中，隐藏登录窗口，显示主窗口。

(4) 运行程序。

运行程序，在登录窗口中输入"zhangsan"和"123"，单击"登录系统"按钮，登录成功后显示主窗口，如图 S6-33 所示。

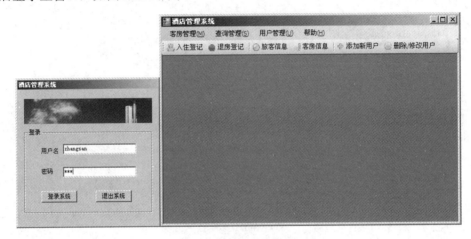

图 S6-33　登录主窗口

如果输入错误的信息，则提示"错误的用户名或密码"，如图 S6-34 所示。

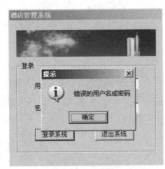

图 S6-34　错误提示

知识拓展

1. 连接 Access 数据库

ADO.NET 可以通过 OLEDB 的方式来操作 Access 数据库，下面示例实现了对 Access 数据库中数据的增、删、改功能。

(1) 在 Access 数据库中建表。

在 Access 数据库中建立 Users 表，具有 name、address、birthday 三个字段，对此表的查询结果如图 S6-35 所示。

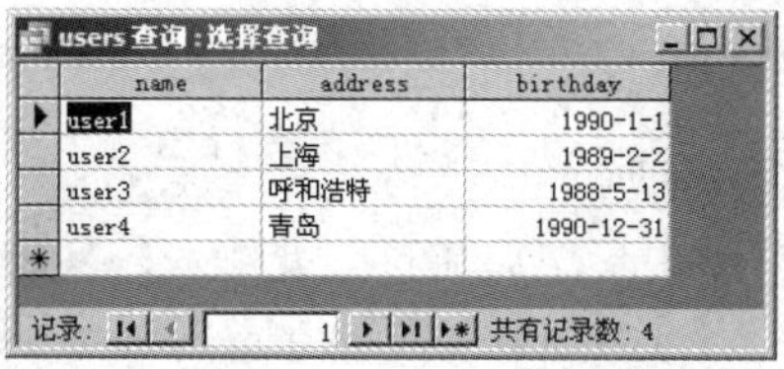

图 S6-35　创建 Users 表

(2) 建立窗体。

新建窗体，使用 DataGridView 控件显示数据，界面设计如图 S6-36 所示。

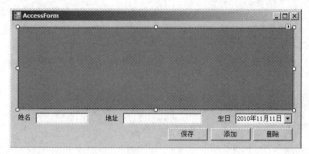

图 S6-36　使用 DataGridView 控件

(3) 编写窗体代码。

窗体代码如下：

```
public partial class AccessForm
{
    public AccessForm()
    {
        adapter = new OleDbDataAdapter("select * from users", new OleDbConnection(connStr));
        commandBuilder = new OleDbCommandBuilder(adapter);
        commandBuilder.QuotePrefix = "[";
        commandBuilder.QuoteSuffix = "]";
        InitializeComponent();
    }
    //连接字符串
    private static string connStr = "provider=microsoft.jet.oledb.4.0;
        data source=e:/test.mdb";
    //数据库连接
    private OleDbConnection conn = new OleDbConnection(
        "provider=microsoft.jet.oledb.4.0;data source=e:/test.mdb");
```

```csharp
//数据适配器
private OleDbDataAdapter adapter;
//命令构造器
private OleDbCommandBuilder commandBuilder;
//保存数据的 DataTable
private DataTable table = new DataTable();
//窗体加载事件中,使用数据适配器填充 DataTable,并显示在 DataGridView 中
public void AccessForm_Load(System.Object sender, System.EventArgs e)
{
    clearDateTimePicker(dtpBirthday);
    adapter.Fill(table);
    dgvUser.DataSource = table;
}
//DataGridView 选中行变化时,在窗体下方显示当前选中行的信息
public void dgvUser_SelectionChanged(System.Object sender, System.EventArgs e)
{
    var rows = dgvUser.SelectedRows;
    if (rows.Count == 0)
    {
        txtName.Text = "";
        txtAddress.Text = "";
        clearDateTimePicker(dtpBirthday);
        btnSave.Enabled = false;
        btnDelete.Enabled = false;
        return;
    }
    btnSave.Enabled = true;
    btnDelete.Enabled = true;
    var row = rows[0];
    txtName.Text = System.Convert.ToString(row.Cells[1].Value);
    txtAddress.Text = System.Convert.ToString(row.Cells[2].Value);
    dtpBirthday.Format = DateTimePickerFormat.Short;
    dtpBirthday.Text = row.Cells[3].Value.ToString();
}
//DateTimePicker 没有提供清空内容的方法,采用下面的变通方式
private void clearDateTimePicker(DateTimePicker dtp)
{
    dtp.Format = DateTimePickerFormat.Custom;
    dtp.CustomFormat = " ";
```

```csharp
}
//保存
public void btnSave_Click(System.Object sender, System.EventArgs e)
{
    //得到当前选中行对应于 DataTable 中的 DataRow
    DataRow row = table.Rows[dgvUser.SelectedRows[0].Index];
    row["names"] = txtName.Text;
    row["address"] = txtAddress.Text;
    row["birthday"] = dtpBirthday.Text;
    //更新到数据库
    adapter.Update(table);
}
//添加
public void btnAdd_Click(System.Object sender, System.EventArgs e)
{
    //构造一个新的 DataRow
    DataRow row = table.NewRow();
    row["names"] = txtName.Text;
    row["address"] = txtAddress.Text;
    row["birthday"] = dtpBirthday.Text;
    //添加到 DataTable 中
    table.Rows.Add(row);
    //更新到数据库
    adapter.Update(table);
    //清空当前 datatable
    table.Clear();
    //重新填充
    adapter.Fill(table);
    dgvUser.DataSource = table;
}
//删除
public void btnDelete_Click(System.Object sender, System.EventArgs e)
{
    //得到当前选中行对应于 DataTable 中的 DataRow
    DataRow row = table.Rows[dgvUser.SelectedRows[0].Index];
    //删除此行
    row.Delete();
    ////更新到数据库
    adapter.Update(table);
```

}
}

上述代码中，首先导入 System.Data.OleDb 命名空间；然后声明连接字符串，连接 Access 数据库的连接字符串如下：

provider=microsoft.jet.oledb.4.0;data source=d:/test.mdb

其中：

✧ provider 指定数据库驱动器，此处值为 microsoft.jet.oledb.4.0。

✧ data source 指定数据库，此处值为 Access 数据库文件的路径。

声明数据库连接、数据适配器等，类名都是以"OleDb"开头；定义保存数据的 DataTable；在窗体加载事件中，使用数据适配器填充 DataTable，并指定 DataGridView 的 DataSource 属性为填充完毕的 DataTable，以显示数据；在 DataGridView 控件的 SelectionChanged 事件中，在窗体下方显示当前选中行的信息；在保存、添加、删除按钮的单击事件中，修改 DataTable 中的数据，然后通过数据适配器的 Update()方法更新到数据库中。

(4) 运行。

运行项目，初始界面如图 S6-37 所示。

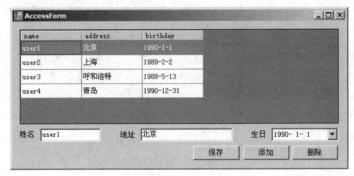

图 S6-37　初始界面

选中不同的行，下方显示对应的数据；修改下方数据后，单击"保存"按钮，会相应更新数据库中的数据。比如选中第 3 条记录，并修改地址为"济南"，如图 S6-38 所示。

单击"保存"按钮，画面和数据库中的数据都会发生修改，数据库中的查询结果如图 S6-39 所示。

图 S6-38　修改数据

图 S6-39　查看数据库结果

在下方输入框中添加数据,如图 S6-40 所示。

单击"添加"按钮,画面和数据库中都会增加一条记录,数据库中的查询结果如图 S6-41 所示。

在窗体中选中某条记录后,单击"删除"按钮,画面和数据库中对应的记录都会删除。

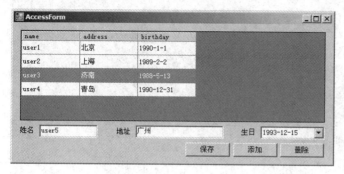

图 S6-40 添加数据

图 S6-41 添加后的数据库结果

2. 连接 Oracle 数据库

ADO.NET 针对 Oracle 数据库提供了特殊支持,在 System.Data.OracleClient 命名空间下有一系列对象可以用来操作 Oracle 数据库。下列示例实现了对 Oracle 数据库中数据的增、删、改功能。

(1) 在 Oracle 数据库中建表。

在 Oracle 数据库中建立 Users 表,具有 NAME、ADDRESS、BIRTHDAY 三个字段,对此表的查询结果如图 S6-42 所示。

(2) 建立窗体。

新建窗体,使用 DataGridView 控件显示数据,界面设计如图 S6-43 所示。

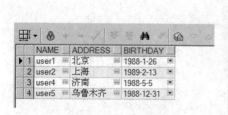

图 S6-42 创建表

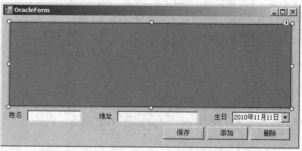

图 S6-43 使用 DataGridView 控件

编写窗体代码如下:

```
public partial class OracleForm
{
    public OracleForm()
    {
        adapter = new OracleDataAdapter("select * from users", conn);
```

```csharp
            commandBuilder = new OracleCommandBuilder(adapter);
            InitializeComponent();
        }
        //连接字符串
         private static string connStr = "data source=orcl;
             user id=test;password=test";
        //数据库连接
        private OracleConnection conn = new OracleConnection(connStr);
        //数据适配器
        private OracleDataAdapter adapter;
        //命令构造器
        private OracleCommandBuilder commandBuilder;
        //保存数据的 DataTable
        private DataTable table = new DataTable();
        //窗体加载事件中，使用数据适配器填充 DataTable，并显示在 DataGridView 中
        public void AccessForm_Load(System.Object sender, System.EventArgs e)
        {
            clearDateTimePicker(dtpBirthday);
            adapter.Fill(table);
            dgvUser.DataSource = table;
        }
        //DataGridView 选中行变化时，在窗体下方显示当前选中行的信息
         public void dgvUser_SelectionChanged(System.Object sender, System.EventArgs e)
        {
            var rows = dgvUser.SelectedRows;
            if (rows.Count == 0)
            {
                txtName.Text = "";
                txtAddress.Text = "";
                clearDateTimePicker(dtpBirthday);
                btnSave.Enabled = false;
                btnDelete.Enabled = false;
                return;
            }
            btnSave.Enabled = true;
            btnDelete.Enabled = true;
            var row = rows[0];
            txtName.Text = System.Convert.ToString(row.Cells[0].Value);
            txtAddress.Text = System.Convert.ToString(row.Cells[1].Value);
```

```
        dtpBirthday.Format = DateTimePickerFormat.Short;
        dtpBirthday.Text = System.Convert.ToString(row.Cells[2].Value);
}
//DateTimePicker 没有提供清空内容的方法,采用下面的变通方式
private void clearDateTimePicker(DateTimePicker dtp)
{
    dtp.Format = DateTimePickerFormat.Custom;
    dtp.CustomFormat = " ";
}
//保存
public void btnSave_Click(System.Object sender, System.EventArgs e)
{
    //得到当前选中行对应于 DataTable 中的 DataRow
    DataRow row = table.Rows[dgvUser.SelectedRows[0].Index];
    row["name"] = txtName.Text;
    row["address"] = txtAddress.Text;
    row["birthday"] = dtpBirthday.Text;
    //更新到数据库
    adapter.Update(table);
}
//添加
public void btnAdd_Click(System.Object sender, System.EventArgs e)
{
    //构造一个新的 DataRow
    DataRow row = table.NewRow();
    row["name"] = txtName.Text;
    row["address"] = txtAddress.Text;
    row["birthday"] = dtpBirthday.Text;
    //添加到 DataTable 中
    table.Rows.Add(row);
    //更新到数据库
    adapter.Update(table);
    //清空当前 datatable
    table.Clear();
    //重新填充
    adapter.Fill(table);
    dgvUser.DataSource = table;
}
//删除
```

```
public void btnDelete_Click(System.Object sender, System.EventArgs e)
{
    //得到当前选中行对应于 DataTable 中的 DataRow
    DataRow row = table.Rows[dgvUser.SelectedRows[0].Index];
    //删除此行
    row.Delete();
    //更新到数据库
    adapter.Update(table);
}
```

上述代码中,首先导入 System.Data.OracleClient 命名空间;然后声明连接字符串,连接 Oracle 数据库的连接字符串语法:

data source=orcl;user id=test;password=test

其中:

◇ data source 的值为 Oracle 数据库的本地网络服务名。

◇ user id 的值是数据库的用户名。

◇ password 指定密码。

声明数据库连接、数据适配器等,类名都是以"Oracle"开头;定义保存数据的 DataTable;在窗体加载事件中,使用数据适配器填充 DataTable,并指定 DataGridView 的 DataSource 属性为填充完毕的 DataTable,以显示数据;在 DataGridView 控件的 SelectionChanged 事件中,在窗体下方显示当前选中行的信息;在保存、添加、删除按钮的单击事件中,修改 DataTable 中的数据,然后通过数据适配器的 Update()方法更新到数据库中。

(3) 运行。

运行项目,初始界面如图 S6-44 所示。

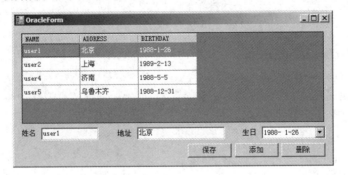

图 S6-44　初始界面

选中不同的行,下方显示对应的数据;修改下方数据后,单击"保存"按钮,会相应更新数据库中的数据。比如选中第 3 条记录,并修改地址为"天津",如图 S6-45 所示。

单击"保存"按钮,画面和数据库中的数据都会发生变化,数据库中的查询结果如图 S6-46 所示。

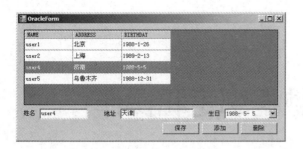

图 S6-45 修改数据

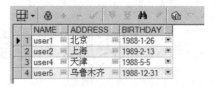

图 S6-46 查看数据库结果

在下方输入框中添加数据，如图 S6-47 所示。

单击"添加"按钮，画面和数据库中都会增加一条记录，数据库中的查询结果如图 S6-48 所示。

图 S6-47 添加数据

图 S6-48 添加后的数据库结果

在窗体中选中某条记录后，单击"删除"按钮，画面和数据库中对应的记录都会删除。

拓展练习

练习 6.1

使用 Access 数据库创建 Users 表，需要用户名、密码两个字段；创建登录窗体，要求用户输入用户名和密码完成登录。使用 ADO.NET 连接 Access 数据库，查询 Users 表判断是否登录成功。

练习 6.2

类似于练习 5.1，改用 Oracle 数据库完成。

实践 7　数据绑定和操作

实践 7.1

修改、添加新用户功能模块，将用户信息保存到数据库中。

【分析】

（1）在 BLL 层的 UserManager 类中添加一个 AddUser()方法，该方法实现将用户信息保存到数据库的 UserDetails 表中。

（2）修改 AddUserForm.cs 程序，在"添加"按钮事件处理过程中调用 BLL 层的 UserManager 类的 AddUser()方法。

【参考解决方案】

（1）添加 AddUser()方法。

在 BLL 层的 UserManager 类中添加一个 AddUser()方法，修改后的代码如下：

```csharp
public class UserManager
{
    public static bool AddUser(Models.User user)
    {
        string sql = "insert into UserDetails values(@name ,@pwd,@role)";
        //创建参数对象
        SqlParameter p1 = new SqlParameter("@name", user.Name);
        SqlParameter p2 = new SqlParameter("@pwd", user.Password);
        SqlParameter p3 = new SqlParameter("@role", user.Role);
        //如果添加成功，则返回 True
        if (DAL.DBOper.ExecuteCommand(sql, p1, p2, p3) == 1)
        {
            return true;
        }
        else
```

```
        {
            return false;
        }
    }
}
```

上述代码中 AddUser()方法带 1 个参数,该参数是 User 类型的对象,且方法的返回值是布尔型。定义的 Sql 语句含 3 个参数,因此需要创建 3 个 SqlParameter 参数对象并指定其相应的值,再调用 DAL 层的 DBOper.ExecuteCommand()方法插入数据。

(2) 修改 AddUserForm。

修改 AddUserForm.cs 程序,修改后的代码如下:

```
public partial class AddUserForm
{
    public AddUserForm()
    {
        InitializeComponent();
    }
    public void btnAdd_Click(System.Object sender, System.EventArgs e)
    {
        string strName = txtName.Text;
        string strPwd = txtPwd.Text;
        if (string.IsNullOrEmpty(strName))
        {
            MessageBox.Show("用户名不能为空", "提示", MessageBoxButtons.OK,
                MessageBoxIcon.Information);
            txtName.Focus();
            return;
        }
        if (string.IsNullOrEmpty(strPwd))
        {
            MessageBox.Show("密码不能为空", "提示", MessageBoxButtons.OK,
                MessageBoxIcon.Information);
            txtPwd.Focus();
            return;
        }
        //权限默认为 0,即员工
        int role = 0;
        //当选中管理员时,设置权限值为 1
        if (rbAdmin.Checked == true)
        {
```

```
            role = 1;
        }
        try
        {   Models.User user = new Models.User(strName, strPwd, role);
            if (BLL.UserManager.AddUser(user))
            {
                MessageBox.Show("添加成功");
            } else
            {
                MessageBox.Show("添加失败");
            }
        }
        catch (Exception)
        {
            MessageBox.Show("添加失败");
        }
    }
    public void btnCancle_Click(System.Object sender, System.EventArgs e)
    {   //清空文本栏
        txtName.Text = "";
        txtPwd.Text = " ";
        rbEmp.Checked = true;
        //关闭当前窗口
        this.Close();
    }
}
```

(3) 运行程序。

运行程序，进入"添加新用户"窗口，在该窗口中输入数据。如图 S7-1 所示，输入"litian"和"123456"，选择"员工"权限，单击"添加"按钮，弹出"添加成功"对话框。

打开数据库中的 UserDetails 表，如图 S7-2 所示，在该表中已经成功添加了新用户的信息。

图 S7-1 "添加新用户"窗口　　　　　　图 S7-2 查看结果

实践 7.2

升级旅客入住登记模块,将旅客入住信息保存到数据库中。

【分析】

(1) 在 Models 层添加 RoomInfo 和 RegisterRoom 类。

(2) 在 BLL 层添加一个 RoomManager 类,该类用于对房间进行操作管理。

(3) 修改 RegisterRoomForm 窗口,实现旅客入住登记功能。

【参考解决方案】

(1) 添加 RoomInfo 类。

在 Models 层添加 RoomInfo 类,该类对应数据库中的 Room 表,代码如下:

```csharp
public class RoomInfo
{
    //私有字段
    private string roomId;
    private string roomType;
    private string roomFloor;
    private double roomPrice;
    private int personNum;
    private int inPerson;
    private string note;
    //属性
    public string RoomID
    {
        get
        {
            return roomId;
        }
        set
        {
            roomId = value;
        }
    }
    public string RoomType
    {
        get
        {
            return roomType;
        }
        set
```

```csharp
            {
                roomType = value;
            }
        }
        public string RoomFloor
        {
            get
            {
                return roomFloor;
            }
            set
            {
                roomFloor = value;
            }
        }
        public double RoomPrice
        {
            get
            {
                return roomPrice;
            }
            set
            {
                roomPrice = value;
            }
        }
        public int PersonNum
        {
            get
            {
                return personNum;
            }
            set
            {
                personNum = value;
            }
        }
        public int InPerson
        {
```

```
            get
            {
                return inPerson;
            }
            set
            {
                inPerson = value;
            }
        }
        public string Note
        {
            get
            {
                return note;
            }
            set
            {
                note = value;
            }
        }
    }
```

(2) 添加 RegisterRoom 类。

在 Models 层添加 RegisterRoom 类，该类对应数据库中的 RegisterRoom 表，代码如下：

```
public class RegisterRoom
{   //私有字段
    private int inId;
    private string roomId;
    private double price;
    private double foregift;
    private DateTime inTime;
    private DateTime outTime;
    private string clientName;
    private bool sex;
    private string phone;
    private string certType;
    private string certId;
    private string address;
    private int personNum;
    private string oper;
```

```csharp
        private int delMark;
        //属性
        public int InId
        {
            get
            {
                return inId;
            }
            set
            {
                inId = value;
            }
        }
        public string RoomID
        {
            get
            {
                return roomId;
            }
            set
            {
                roomId = value;
            }
        }
        public double Price
        {
            get
            {
                return price;
            }
            set
            {
                price = value;
            }
        }
        public double Foregift
        {
            get
            {
```

                return foregift;
            }
            set
            {
                foregift = value;
            }
        }
        public DateTime InTime
        {
            get
            {
                return inTime;
            }
            set
            {
                inTime = value;
            }
        }
        public DateTime OutTime
        {
            get
            {
                return outTime;
            }
            set
            {
                outTime = value;
            }
        }
        public string ClientName
        {
            get
            {
                return clientName;
            }
            set
            {
                clientName = value;
            }

```
        }
        public bool Sex
        {
            get
            {
                return sex;
            }
            set
            {
                sex = value;
            }
        }
        public string CertId
        {
            get
            {
                return certId;
            }
            set
            {
                certId = value;
            }
        }
        public string Phone
        {
            get
            {
                return phone;
            }
            set
            {
                phone = value;
            }
        }
        public string CertType
        {
            get
            {
                return certType;
```

```csharp
        }
        set
        {
            certType = value;
        }
    }
    public string Address
    {
        get
        {
            return address;
        }
        set
        {
            address = value;
        }
    }
    public int PersonNum
    {
        get
        {
            return personNum;
        }
        set
        {
            personNum = value;
        }
    }
    public string Oper
    {
        get
        {
            return oper;
        }
        set
        {
            oper = value;
        }
    }
```

```
        public int DelMark
        {
            get
            {
                return delMark;
            }
            set
            {
                delMark = value;
            }
        }
    }
```

(3) 添加 RoomManager 类。

在 BLL 层添加一个 RoomManager 类，该类提供用于对房间进行操作管理的各种方法，代码如下：

```
public class RoomManager
{   //获取空房信息
    public static DataTable GetRoomInfo()
    {
        string sql = @"SELECT roomId AS 房间号, roomType AS 房间类型,
            roomFloor AS 层数, Price AS 价格, personNum AS 可入住人数,
            inPerson AS 已入住人数, note AS 备注 FROM Room WHERE inPerson = 0";
        DataTable dt = DAL.DBOper.GetDataTable(sql);
        return dt;
    }
    //保存入住信息
    public static bool InserRoomInfo(Models.RegisterRoom registerRoomInfo)
    {
        //向 RegisterRoom 表中插入数据
        string sqlInsert = @"INSERT INTO RegisterRoom VALUES
                (@roomId,@price,@forgift,@inTime,@outTime,@clientName,
                @sex,@phone,@certType,@certId,@address,
                @personNum,@Oper,@delMark)";
        //更新 Room 表中的数据
        string sqlUpdate = @"UPDATE Room SET inPerson = @inPerson WHERE roomId = @roomId";
        //创建 registerRoomInfo 参数对象
        SqlParameter p1 = new SqlParameter("@roomId", registerRoomInfo.RoomID);
        SqlParameter p2 = new SqlParameter("@price", registerRoomInfo.Price);
        SqlParameter p3 = new SqlParameter("@forgift", registerRoomInfo.Foregift);
```

```csharp
SqlParameter p4 = new SqlParameter("@inTime", registerRoomInfo.InTime);
SqlParameter p5 = new SqlParameter("@outTime", registerRoomInfo.OutTime);
SqlParameter p6 = new SqlParameter("@clientName", registerRoomInfo.ClientName);
SqlParameter p7 = new SqlParameter("@sex", registerRoomInfo.Sex);
SqlParameter p8 = new SqlParameter("@phone", registerRoomInfo.Phone);
SqlParameter p9 = new SqlParameter("@certType", registerRoomInfo.CertType);
SqlParameter p10 = new SqlParameter("@certId", registerRoomInfo.CertId);
SqlParameter p11 = new SqlParameter("@address", registerRoomInfo.Address);
SqlParameter p12 = new SqlParameter("@personNum", registerRoomInfo.PersonNum);
SqlParameter p13 = new SqlParameter("@Oper", registerRoomInfo.Oper);
SqlParameter p14 = new SqlParameter("@delMark", registerRoomInfo.DelMark);
SqlParameter[] paramArray = new SqlParameter[] {
    p1,
    p2,
    p3,
    p4,
    p5,
    p6,
    p7,
    p8,
    p9,
    p10,
    p11,
    p12,
    p13,
    p14
};
//创建 roomInfo 的参数对象
Models.RoomInfo roomInfo = new Models.RoomInfo();
roomInfo.InPerson = registerRoomInfo.PersonNum;
SqlParameter n1 = new SqlParameter("@roomId", registerRoomInfo.RoomID);
SqlParameter n2 = new SqlParameter("@inPerson", roomInfo.InPerson);
//如果添加成功，则返回 True
if (DAL.DBOper.ExecuteCommand(sqlInsert, paramArray) == 1 &&
    DAL.DBOper.ExecuteCommand(sqlUpdate, n1, n2) == 1)
{
    return true;
}
else
```

```
            {
                return false;
            }
        }
    }
}
```

上述代码中定义了 GetRoomInfo()和 InserRoomInfo()方法，其中 GetRoomInfo()用于获取空房信息，在入住登记时操作员可以从空房信息表中选择要入住的房间。InserRoomInfo()方法实现将旅客入住信息保存到 RegisterRoom 表中，并更新 Room 表中的 inPerson 值。

(4) 修改 RegisterRoomForm。

在"入住登记"窗口 RegisterRoomForm 中添加一个 DataGridView 控件，如图 S7-3 所示。设置该控件的"Name"属性为"dgvRoomList"，"ReadOnly"属性为"True"，"SelectionMode"属性为"FullRowSelect"。

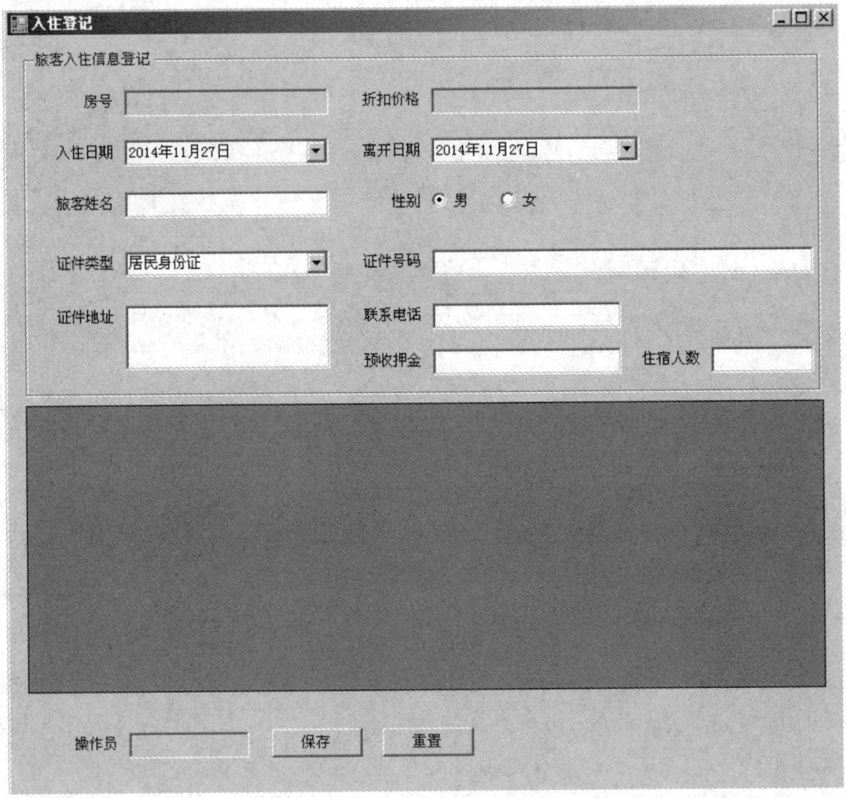

图 S7-3 "入住登记"窗口

修改 RegisterRoomForm.cs 的程序代码如下：

```
public partial class RegisterRoomForm
{
    public RegisterRoomForm()
    {
        InitializeComponent();
```

```csharp
            this.Load += new EventHandler(RegisterRoomForm_Load);
        }
        void RegisterRoomForm_Load(object sender, EventArgs e)
        {   //在操作员文本框中显示登录的用户名
            txtOper.Text = BLL.RoleManager.curUser.Name;
            //获取空房信息列表
            DataTable dt = BLL.RoomManager.GetRoomInfo();
            //判断是否有空房间
            if (dt.Rows.Count != 0)
            {
                dgvRoomList.DataSource = dt;
            }
            else
            {
                MessageBox.Show("已经没有空房间了！", "提示", MessageBoxButtons.OK,
                    MessageBoxIcon.Information);
                return;
            }
        }
        public void btnReset_Click(System.Object sender, System.EventArgs e)
        {
            txtRoomId.Text = "";
            txtPrice.Text = "";
            txtForegift.Text = "";
            dtpInTime.Text = "";
            dtpOutTime.Text = "";
            txtClientName.Text = "";
            rbMale.Checked = true;
            txtPhone.Text = "";
            cmbCertType.SelectedIndex = 0;
            txtCertId.Text = "";
            txtAddress.Text = "";
            txtPersonNum.Text = "";
            txtOper.Text = "";
        }
        public void btnSave_Click(System.Object sender, System.EventArgs e)
        {   //获取当前时间
            string strTimeNow = string.Format("{0:T}", DateTime.Now);
            //获取入住时间
```

```csharp
string inTime = dtpInTime.Text.ToString() + strTimeNow;
//获取离开时间
string outTime = dtpOutTime.Text.ToString() + strTimeNow;
//获取性别
bool sex = default(bool);
if (rbMale.Checked)
{
    sex = false;
}
else
{
    sex = true;
}
//定义 Models 对象
Models.RegisterRoom registerInfo = new Models.RegisterRoom();
registerInfo.RoomID = txtRoomId.Text.ToString();
registerInfo.Price = double.Parse(txtPrice.Text.ToString());
registerInfo.Foregift = double.Parse(txtForegift.Text.ToString());
registerInfo.InTime = DateTime.Parse(inTime);
registerInfo.OutTime = DateTime.Parse(outTime);
registerInfo.ClientName = txtClientName.Text.ToString();
registerInfo.Sex = sex;
registerInfo.Phone = txtPhone.Text.ToString();
registerInfo.CertType = cmbCertType.SelectedItem.ToString();
registerInfo.CertId = txtCertId.Text.ToString();
registerInfo.PersonNum = int.Parse(txtPersonNum.Text.ToString());
registerInfo.Oper = txtOper.Text.ToString();
registerInfo.Address = txtAddress.Text.ToString();
registerInfo.DelMark = 0;
//插入数据
if (checkdata())
{
    if (BLL.RoomManager.InserRoomInfo(registerInfo))
    {
        MessageBox.Show("插入数据成功！ ", "提示", MessageBoxButtons.OK,
            MessageBoxIcon.Information);
        return;
    }
    else
```

```
                {
                    MessageBox.Show("插入数据失败！", "提示", MessageBoxButtons.OK,
                        MessageBoxIcon.Information);
                    return;
                }
            }
        }
        public void dgvRoomList_CellClick(System.Object sender,
            System.Windows.Forms.DataGridViewCellEventArgs e)
        {   //清空数据
            txtRoomId.Text = "";
            txtPrice.Text = "";
            txtForegift.Text = "";
            dtpInTime.Text = "";
            dtpOutTime.Text = "";
            txtClientName.Text = "";
            rbMale.Checked = true;
            txtPhone.Text = "";
            cmbCertType.SelectedIndex = 0;
            txtCertId.Text = "";
            txtAddress.Text = "";
            txtPersonNum.Text = "";
            if (dgvRoomList.SelectedRows.Count == 1)
            {
                this.txtRoomId.Text = System.Convert.ToString(
                    dgvRoomList.SelectedRows[0].Cells["房间号"].Value.ToString());
                this.txtPrice.Text = System.Convert.ToString(
                    dgvRoomList.SelectedRows[0].Cells["价格"].Value.ToString());
            }
        }
        //检查数据
        private bool checkdata()
        {   //检验房间号
            if (txtRoomId.Text == "")
            {
                MessageBox.Show("房间号不能为空！", "提示", MessageBoxButtons.OK,
                    MessageBoxIcon.Information);
                txtRoomId.Focus();
                return false;
```

```
            }
            //检验价格
            if (txtPrice.Text == "")
            {
                MessageBox.Show("价格不能为空！", "提示", MessageBoxButtons.OK,
                    MessageBoxIcon.Information);
                txtPrice.Focus();
                return false;
            }
            //检验押金
            if (txtForegift.Text == "")
            {
                MessageBox.Show("押金不能为空！", "提示", MessageBoxButtons.OK,
                    MessageBoxIcon.Information);
                txtForegift.Focus();
                return false;
            }
            //检验客户姓名
            if (txtClientName.Text == "")
            {
                MessageBox.Show("客户姓名不能为空！", "提示", MessageBoxButtons.OK,
                    MessageBoxIcon.Information);
                txtClientName.Focus();
                return false;
            }
            //检验电话
            if (txtPhone.Text == "")
            {
                MessageBox.Show("电话号码不能为空！", "提示", MessageBoxButtons.OK,
                    MessageBoxIcon.Information);
                txtPhone.Focus();
                return false;
            }
            //检验证件号码
            if (txtCertId.Text == "")
            {
                MessageBox.Show("证件号码不能为空！", "提示", MessageBoxButtons.OK,
                    MessageBoxIcon.Information);
                txtCertId.Focus();
```

```csharp
        return false;
}
//检验地址
if (txtAddress.Text == "")
{
    MessageBox.Show("地址不能为空！", "提示", MessageBoxButtons.OK,
        MessageBoxIcon.Information);
    txtAddress.Focus();
    return false;
}
//检验住宿人数
if (txtPersonNum.Text == "")
{
    MessageBox.Show("住宿人数不能为空！", "提示", MessageBoxButtons.OK,
        MessageBoxIcon.Information);
    txtPersonNum.Focus();
    return false;
}
else if (int.Parse(txtPersonNum.Text) >
    int.Parse(System.Convert.ToString(
    dgvRoomList.SelectedRows[0].Cells["可入住人数"].Value.ToString())))
{
    MessageBox.Show("入住人数不能大于标准人数，请换房间！", "提示",
        MessageBoxButtons.OK, MessageBoxIcon.Information);
    txtRoomId.Text = "";
    txtPrice.Text = "";
    txtPersonNum.Text = "";
    txtRoomId.Focus();
    return false;
}
//定义入住和离开时间
DateTime inTime = System.DateTime.Parse(dtpInTime.Text.ToString());
DateTime outTime = System.DateTime.Parse(dtpOutTime.Text.ToString());
//检验入住时间
if (inTime.CompareTo(DateTime.Today) < 0)
{
    MessageBox.Show("入住时间不能小于当前时间！", "提示",
        MessageBoxButtons.OK, MessageBoxIcon.Information);
    dtpInTime.Focus();
```

```
            return false;
        }
        else if (outTime.CompareTo(DateTime.Today) < 0)
        {
            MessageBox.Show("离开时间不能小于当前时间！", "提示",
                MessageBoxButtons.OK, MessageBoxIcon.Information);
            dtpOutTime.Focus();
            return false;
        }
        else if (outTime < inTime)
        {
            MessageBox.Show("离开时间不能小于入住时间！", "提示",
                MessageBoxButtons.OK, MessageBoxIcon.Information);
            dtpOutTime.Focus();
            return false;
        }
        return true;
    }
}
```

(5) 运行程序。

运行程序，进入"入住登记"窗口，如图 S7-4 所示。

从 DataGridView 中选中一行，如图 S7-5 所示，该房间的相关信息会自动绑定到相应的文本栏中。

图 S7-4　运行结果

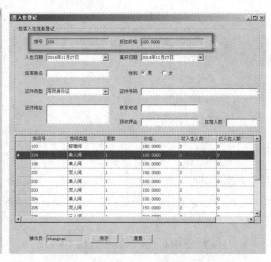

图 S7-5　显示房间信息

输入客户相关信息，单击"保存"按钮，如图 S7-6 所示。

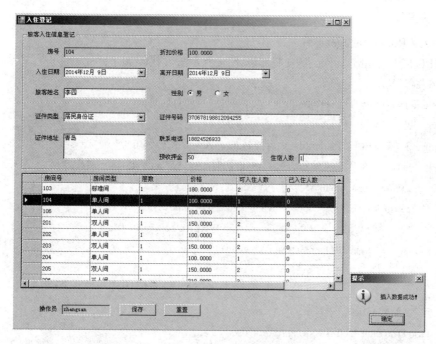

图 S7-6　旅客登记

旅客入住信息将保存到数据库的 RegisterRoom 表中，如图 S7-7 所示。

GUOQY.Hotel - ...o.RegisterRoom

	inId	roomId	price	foregift	inTime	outTime	clientName
	1	103	180.0000	500.0000	2014-10-20 11:...	2014-10-20 11:...	张三
	2	105	260.0000	100.0000	2014-10-22 09:...	2014-10-22 09:...	李晓峰
▶	3	104	100.0000	50.0000	2014-12-09 09:...	2014-12-09 09:...	李四
*	NULL	NULL	NULL	NULL	NULL	NULL	NULL

图 S7-7　查看 RegisterRoom 表

对应 Room 表中房间的 inPerson 数据改变，如图 S7-8 所示。

GUOQY.Hotel - dbo.Room

	roomId	roomType	roomFloor	Price	personNum	inPerson	note
	101	三人间	1	210.0000	3	2	三人间
	102	标准间	1	180.0000	2	2	标准间
	103	标准间	1	180.0000	2	0	标准间
▶	104	单人间	1	100.0000	1	1	单人间
	105	四人间	1	260.0000	4	4	四人间

图 S7-8　查看 Room 表

实践 7.3

升级旅客退房登记模块，实现旅客退房登记并结算的功能。

【分析】

(1) 升级 BLL 层的 RoomManager 类，在该类中增加与退房相关的方法。

(2) 修改 CheckOutRoomForm 窗口，实现旅客退房登记功能。

【参考解决方案】

(1) 修改 RoomManager。

在 BLL 层 RoomManager 类中增加以下三个方法，代码如下：

```csharp
//获取入住房间信息
public static DataTable GetUseRoomInfo()
{
    string sql = @"SELECT roomId AS 房间号,price AS 价格,foregift AS 押金,
            inTime AS 入住时间,outTime AS 退房时间,clientName AS 客户名称,
            sex AS 性别,phone AS 电话号码,certType AS 证件类型,
            certId AS 证件号码,address AS 地址,personNum AS 入住人数,
            Oper AS 登记者 FROM RegisterRoom WHERE delMark = 0";
    DataTable dt = DAL.DBOper.GetDataTable(sql);
    return dt;
}
//获取退房房间的 InID
public static DataTable GetInID(string roomId)
{
    string sql = @"SELECT inId FROM RegisterRoom
            WHERE delMark = 0 AND roomId=" + roomId;
    DataTable dt = DAL.DBOper.GetDataTable(sql);
    return dt;
}
//保存退房信息
public static bool InsertCheckOutRoomInfo(Models.CheckOutRoom checkOutRoomInfo)
{
    //向 CheckOutRoom 表中插入数据
    string sqlInsert = @"INSERT INTO CheckOutRoom VALUES
            (@outId,@inId,@outTime,@roomId,@clientName,@inTime,
            @price,@foregift,@total,@account,@note,@oper)";
    //更新 RegisterRoom 表中的数据
    string sqlUpdateRegister = "UPDATE RegisterRoom SET delMark = 1
            WHERE inId =@inId ";
    //更新 Room 表中的数据
    string sqlUpdateRoom = "UPDATE Room SET inPerson = 0
            WHERE roomId =@roomId";
    //创建 registerRoomInfo 参数对象
    SqlParameter p1 = new SqlParameter("@outId", checkOutRoomInfo.OutId);
    SqlParameter p2 = new SqlParameter("@inId", checkOutRoomInfo.InId);
    SqlParameter p3 = new SqlParameter("@roomId", checkOutRoomInfo.RoomID);
```

```csharp
        SqlParameter p4 = new SqlParameter("@price", double.Parse(System.Convert.ToString(
            checkOutRoomInfo.Price.ToString())));
        SqlParameter p5 = new SqlParameter("@foregift", double.Parse(System.Convert.ToString(
            checkOutRoomInfo.Foregift.ToString())));
        SqlParameter p6 = new SqlParameter("@total", double.Parse(System.Convert.ToString(
            checkOutRoomInfo.Total.ToString())));
        SqlParameter p7 = new SqlParameter("@account", double.Parse(System.Convert.ToString
            (checkOutRoomInfo.Account.ToString())));
        SqlParameter p8 = new SqlParameter("@inTime", checkOutRoomInfo.InTime);
        SqlParameter p9 = new SqlParameter("@outTime", checkOutRoomInfo.OutTime);
        SqlParameter p10 = new SqlParameter("@clientName", checkOutRoomInfo.ClientName.ToString());
        SqlParameter p11 = new SqlParameter("@oper", checkOutRoomInfo.Oper.ToString());
        SqlParameter p12 = new SqlParameter("@note", checkOutRoomInfo.Note.ToString());
        //创建 RegisterRoom 的参数对象
        Models.RegisterRoom registerInfo = new Models.RegisterRoom();
        registerInfo.InId = checkOutRoomInfo.InId;
        SqlParameter n1 = new SqlParameter("@inId", registerInfo.InId);
        SqlParameter n2 = new SqlParameter("@roomId", checkOutRoomInfo.RoomID.ToString());
        //如果添加成功,则返回 True
        if (DAL.DBOper.ExecuteCommand(sqlInsert, p1, p2, p3, p4, p5, p6, p7, p8, p9, p10, p11, p12) == 1 &&
            DAL.DBOper.ExecuteCommand(sqlUpdateRegister, n1) == 1 &&
            DAL.DBOper.ExecuteCommand(sqlUpdateRoom, n2) == 1)
        {
            return true;
        }
        else
        {
            return false;
        }
    }
}
```

上述代码中定义了 3 个方法,其中 GetUseRoomInfo()用于获取入住房间信息; GetInID()根据房号获取对应的 InID; InsertCheckOutRoomInfo()实现将旅客退房登记信息保存到 CheckOutRoom 表中,并更新 Room 表中的 inPerson 值。

(2) 修改 CheckOutRoomForm。

修改 CheckOutRoomForm.cs 程序代码如下:

```csharp
public partial class CheckOutRoomForm
{
    public CheckOutRoomForm()
    {
```

```csharp
    dt = BLL.RoomManager.GetUseRoomInfo();
    InitializeComponent();
    this.Load += new EventHandler(CheckOutRoomForm_Load);
}
private DataTable dt;
public void btnReset_Click(System.Object sender, System.EventArgs e)
{
    cmbRoomId.Text = "";
    txtClientName.Text = "";
    txtInTime.Text = "";
    txtPrice.Text = "";
    txtForegift.Text = "";
    txtTotal.Text = "";
    txtAccount.Text = "";
    txtNote.Text = "";
}
public void btnSave_Click(System.Object sender, System.EventArgs e)
{
    if (checkdata() == false)
    {
        return;
    }
    //获取当前时间
    string strTimeNow = string.Format("{0:T}", DateTime.Now);
    //获取入住时间
    string inTime = txtInTime.Text.ToString();
    //获取离开时间
    string outTime = dtpOutTime.Text.ToString() + strTimeNow;
    //获取 inId
    int inId = int.Parse(BLL.RoomManager.GetInID(
        cmbRoomId.SelectedItem.ToString()).Rows[0][0].ToString());
    //定义 Models 对象
    Models.CheckOutRoom checkOutRoom = new Models.CheckOutRoom();
    checkOutRoom.OutId = DateTime.Now.ToString("yyyyMMddHHmmss");
    checkOutRoom.InId = inId;
    checkOutRoom.RoomID = cmbRoomId.SelectedItem.ToString();
    checkOutRoom.Price = double.Parse(txtPrice.Text.ToString());
    checkOutRoom.Foregift = double.Parse(txtForegift.Text.ToString());
    checkOutRoom.Total = double.Parse(txtTotal.Text.ToString());
```

```csharp
            checkOutRoom.Account = double.Parse(txtAccount.Text.ToString());
            checkOutRoom.InTime = DateTime.Parse(inTime);
            checkOutRoom.OutTime = DateTime.Parse(outTime);
            checkOutRoom.ClientName = txtClientName.Text.ToString();
            checkOutRoom.Oper = BLL.RoleManager.curUser.Name;
            checkOutRoom.Note = txtNote.Text.ToString();
            //连接数据库保存信息
            if (BLL.RoomManager.InsertCheckOutRoomInfo(checkOutRoom))
            {
                MessageBox.Show("插入数据成功!", "提示", MessageBoxButtons.OK,
                    MessageBoxIcon.Information);
                return;
            }
            else
            {
                MessageBox.Show("插入数据失败!", "提示", MessageBoxButtons.OK,
                    MessageBoxIcon.Information);
                return;
            }
        }
        public void CheckOutRoomForm_Load(System.Object sender, System.EventArgs e)
        {
            //初始房号
            if (dt.Rows.Count > 0)
            {
                for (int i = 0; i <= dt.Rows.Count - 1; i++)
                {
                    cmbRoomId.Items.Add(dt.Rows[i]["房间号"].ToString());
                }
            }
        }
        public void cmbRoomId_SelectedIndexChanged(System.Object sender, System.EventArgs e)
        {
            for (int i = 0; i <= dt.Rows.Count - 1; i++)
            {
                if (cmbRoomId.SelectedItem.ToString() == dt.Rows[i]["房间号"].ToString())
                {
                    txtPrice.Text = dt.Rows[i]["价格"].ToString();
                    txtForegift.Text = dt.Rows[i]["押金"].ToString();
```

```csharp
                txtInTime.Text = dt.Rows[i]["入住时间"].ToString();
                txtClientName.Text = dt.Rows[i]["客户名称"].ToString();
                string outTime = dtpOutTime.Text + string.Format("{0:T}", DateTime.Now);
                TimeSpan ts1 = new TimeSpan(DateTime.Parse(outTime).Ticks);
                TimeSpan ts2 = new TimeSpan(DateTime.Parse(txtInTime.Text).Ticks);
                TimeSpan ts = ts1.Subtract(ts2);
                //计算住宿天数
                int dayCount = ts.Days;
                //计算小时数
                int hourCount = ts.Hours;
                //计算费用总额
                if (dayCount == 0 & hourCount < 24)
                {
                    dayCount = 1;
                }
                double consumTotal = double.Parse(txtPrice.Text.ToString()) * dayCount;
                txtTotal.Text = consumTotal.ToString();
                txtAccount.Text = System.Convert.ToString(consumTotal - double.Parse(txtForegift.Text));
                return;
            }
        }
    }
    //检查数据
    private bool checkdata()
    {   //定义入住和离开时间
        DateTime inTime = System.Convert.ToDateTime(DateTime.Parse
                    (txtInTime.Text.ToString()).ToString("yyyy-MM-dd"));
        DateTime outTime = DateTime.Parse(dtpOutTime.Text.ToString());
        //检验入住时间
        if (outTime < inTime)
        {
            MessageBox.Show("离开时间不能小于入住时间!", "提示",
                MessageBoxButtons.OK, MessageBoxIcon.Information);
            dtpOutTime.Focus();
            return false;
        }
        return true;
    }
}
```

(3) 运行程序。

运行程序，进入“退房登记”窗口，此时房号下拉组合框中显示可以退房的房号，如图 S7-9 所示。

在房号下拉组合框中选中需要退房的房号，则绑定该房间的相关信息，如图 S7-10 所示。

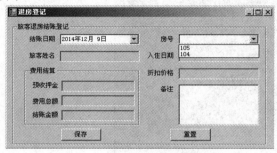

图 S7-9　运行结果

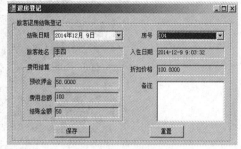

图 S7-10　退房登记

单击“保存”按钮，退房信息将保存到 CheckOutRoom 表中，如图 S7-11 所示。

GUOQY.Hotel -....CheckOutRoom

	outId	inId	outTime	roomId	clientName
▶	20141209091350	3	2014-12-09 09:13...	104	李四
*	NULL	NULL	NULL	NULL	NULL

图 S7-11　查看 CheckOutRoom 表

对应 RegisterRoom 表中 delMark 将被设置为 True，如图 S7-12 所示。

certId	address	personNum	Oper	delMark
3702561990090...	青岛	4	lisi	False
3706781988120...	青岛	1	zhangsan	True
NULL	NULL	NULL	NULL	NULL

图 S7-12　查看 RegisterRoom 表

对应 Room 表中房间的 inPerson 数据将变回 0，如图 S7-13 所示。

GUOQY.Hotel - dbo.Room

	roomId	roomType	roomFloor	Price	personNum	inPerson	note
	101	三人间	1	210.0000	3	2	三人间
	102	标准间	1	180.0000	2	2	标准间
	103	标准间	1	180.0000	2	0	标准间
▶	104	单人间	1	100.0000	1	0	单人间
	105	四人间	1	260.0000	4	4	四人间
	106	单人间	1	100.0000	1	0	单人间

图 S7-13　查看 Room 表

实践 7.4

实现酒店管理系统中的“删除/修改用户信息”模块。

【分析】

(1) 创建“删除/修改用户信息”窗口 UserManagerForm。

(2) 设置数据源，并进行数据绑定。

(3) 实现修改和删除用户的功能。

【参考解决方案】

(1) 创建 UserManagerForm 窗口。

创建 UserManagerForm 窗口，如图 S7-14 所示。

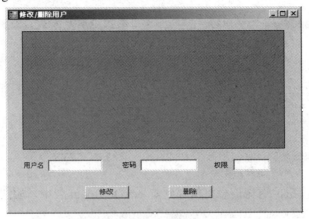

图 S7-14　用户编辑窗口

UserManagerForm 窗口中的控件属性设置如表 S7-1 所示。

表 S7-1　UserManagerForm 中的控件属性设置

Name	类　型	Text	属　性　设　置
UserManager	Form	修改/删除用户	
dgvUsers	DataGridView		将 AllowUserToAddRows 设置为 False 将 AllowUserToDeleteRows 设置为 False 将 ReadOnly 设置为 True 将 SelectionMode 设置为 FullRowSelect
Label1	Label	用户名	
txtUserName	TextBox		
Label2	Label	密码	
txtPwd	TextBox		
Label3	Label	权限	
txtRole	TextBox		
btnChange	Button	修改	
btnDel	Button	删除	

(2) 设置数据源。

选择"数据"→"添加新数据源"菜单项，添加一个新的数据源，如图 S7-15 所示。

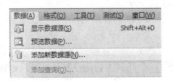

图 S7-15　添加数据源

弹出的"数据源配置向导"窗口,如图 S6-16 所示,选择数据源类型为"数据库"。单击"下一步"按钮。

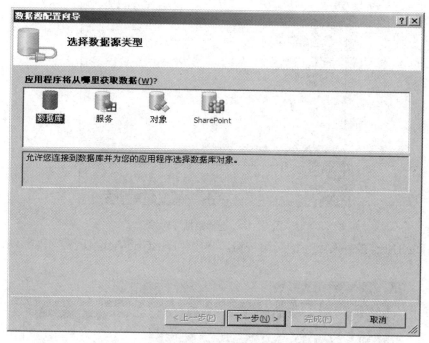

图 S7-16 选择数据源类型

选择数据连接,如图 S7-17 所示,连接 Hotel 数据库。

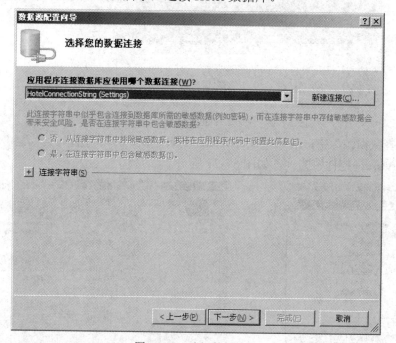

图 S7-17 选择数据连接

如图 S7-18 所示,选中数据库中的表。

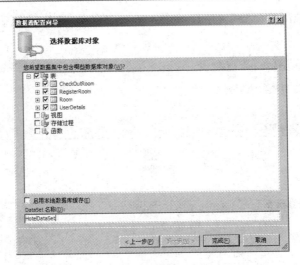

图 S7-18 选择数据库对象

单击 dgvUsers 控件右上方的三角按钮，弹出 "DataGridView 任务" 窗口，如图 S7-19 所示。

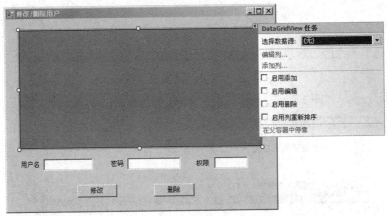

图 S7-19 弹出 "DataGridView 任务" 窗口

在 "选择数据源" 中，选中 "UserDetails" 表，如图 S7-20 所示。

编辑 dgvUsers 控件中的列，如图 S7-21 所示。

图 S7-20 选择数据源

图 S7-21 编辑 dgvUsers 列

(3) 编辑 UserManagerForm.cs。

UserManagerForm 的程序代码如下:

```csharp
public partial class UserManagerForm
{
    public UserManagerForm()
    {
        InitializeComponent();
        this.Load += new EventHandler(UserManagerForm_Load);
    }
    public void UserManagerForm_Load(System.Object sender, System.EventArgs e)
    {
        this.UserDetailTableAdapter.Fill(this.HotelDataSet.UserDetails);
        dgvUsers.DataSource = HotelDataSet.UserDetails;
    }
    public void dgvUsers_Click(System.Object sender, System.EventArgs e)
    {
        DataGridViewRow selRow = dgvUsers.SelectedRows[0];
        txtUserName.Text = System.Convert.ToString(selRow.Cells[0].Value.ToString());
        txtPwd.Text = System.Convert.ToString(selRow.Cells[1].Value.ToString());
        txtRole.Text = System.Convert.ToString(selRow.Cells[2].Value.ToString());
    }
    public void btnChange_Click(System.Object sender, System.EventArgs e)
    {
        //当前选中行对应于 DataTable 中的 DataRow
        DataRow row = HotelDataSet.UserDetails.Rows[dgvUsers.SelectedRows[0].Index];
        //修改行中对应字段的数据
        row["userName"] = txtUserName.Text;
        row["userPwd"] = txtPwd.Text;
        row["Role"] = txtRole.Text;
        //提交到数据库
        UserDetailTableAdapter.Update(HotelDataSet.UserDetails);
        HotelDataSet.UserDetails.AcceptChanges();
    }
    public void btnDel_Click(System.Object sender, System.EventArgs e)
    {
        //弹出对话框进行提示
        if (MessageBox.Show("确定要删除此行数据吗?", "提示",
            MessageBoxButtons.OKCancel, MessageBoxIcon.Information) ==
            DialogResult.OK)
```

```
        {
            //取出 UserDetails 表中要删除的行对象
            DataRow delrow = HotelDataSet.UserDetails.Select("userName=\"" + txtUserName.Text + "\"")[0];
            //删除行
            delrow.Delete();
            //提交到数据库
            UserDetailTableAdapter.Update(HotelDataSet.UserDetails);
            HotelDataSet.UserDetails.AcceptChanges();
        }
    }
}
```

(4) 在主窗口中添加事件。

修改 MainForm.cs 程序，增加菜单和工具按钮的事件处理代码如下：

```
private void miUserList_Click(object sender, EventArgs e)
{
    UserManagerForm frm = new UserManagerForm();
    frm.MdiParent = this;
    frm.Show();
}
```

(5) 运行程序。

运行程序，进入"修改/删除用户"窗口，如图 S7-22 所示。

在数据表格中选中要修改的行，如图 S7-23 所示，该行数据将显示在下方相应的文本框中。

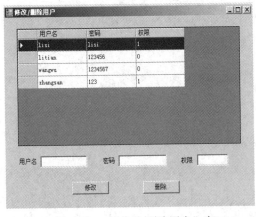

图 S7-22 "修改/删除用户"窗口

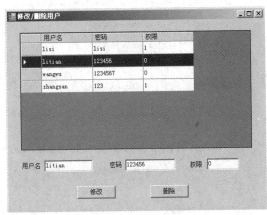

图 S7-23 选中要修改的数据行

在文本框中修改数据，再单击"修改"按钮，如图 S7-24 所示，数据修改成功。

在数据表格中选中要删除的行，单击"删除"按钮，如图 S7-25 所示，先弹出确认对话框，当单击对话框中的"确定"按钮时，将删除选中的行记录。

实践 7　数据绑定和操作

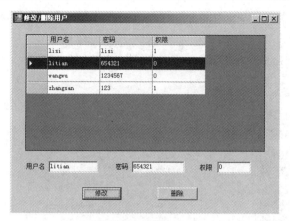

图 S7-24　修改结果

图 S7-25　删除提示

 知识拓展

BindingNavigator 控件用来在窗体上定位和操作数据，如图 S7-26 所示。

图 S7-26　BingdingNavigator 控件

BindingNavigator 控件一般与 BindingSource 组件成对出现，用于在窗体界面中浏览数据记录并与之交互。通过使用 BindingNavigator 控件的 BindingSource 属性，可以关联作为数据源的 System.Windows.Forms.BindingSource 组件对象。例如：

BindingNavigatorObj.BindingSource = BindingSourceObj

如图 S7-26 所示，BindingNavigator 控件的用户界面由一系列 ToolStrip 按钮、文本框和静态文本元素组成，用于进行常见的添加数据、删除数据和数据导航等操作。这些控件与 BindingNavigator 和 BindingSource 的成员存在一一对应关系，如表 S7-2 所示。

表 S7-2　BindingNavigator 中的控件对应关系表

控件	BindingNavigator 成员	BindingSource 成员
移到最前	MoveFirstItem	MoveFirst
前移一步	MovePreviousItem	MovePrevious
当前位置	PositionItem	Current
计数	CountItem	Count
移到下一条记录	MoveNextItem	MoveNext
移到最后	MoveLastItem	MoveLast
新添	AddNewItem	AddNew
删除	DeleteItem	RemoveCurrent

下述内容演示 BindingNavigator 的使用。

(1) 创建窗体。

首先创建一个窗体，并在此窗体中添加一个 BindingNavigator 控件和一个 BindingSource 控件，如图 S7-27 所示。

设置 BindingSource 控件的 DataSource 和 DataMember 属性，如图 S7-28 所示。

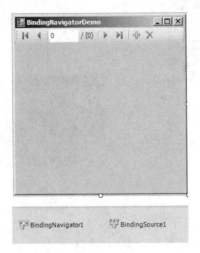

图 S7-27　设计窗体

图 S7-28　设置数据源

如图 S7-29 所示，设置 BindingNavigator 控件的 BindingSource 属性。

然后在窗体中添加标签和文本框控件，如图 S7-30 所示。

图 S7-29　设置控件的数据源

图 S7-30　设计界面

(2) 编写代码。

添加窗体的 Load 事件处理方法，代码如下：

```
public partial class BindingNavigatorDemo
{
    public BindingNavigatorDemo()
    {
        InitializeComponent();
        this.Load += new EventHandler(BindingNavigatorDemo_Load);
    }
```

```
public void BindingNavigatorDemo_Load(System.Object sender, System.EventArgs e)
{
    this.UserDetailsTableAdapter.Fill(this.HotelDataSet.UserDetails);
    //绑定 UserName 列的数据到 txtUserName 文本框中
    txtUserName.DataBindings.Clear();
    txtUserName.DataBindings.Add(new Binding("Text", BindingSource1, "userName", true));
    //绑定 Pwd 列的数据到 txtPwd 文本框中
    txtPwd.DataBindings.Clear();
    txtPwd.DataBindings.Add(new Binding("Text", BindingSource1, "userPwd", true));
    //绑定 Role 列的数据到 txtRole 文本框中
    txtRole.DataBindings.Clear();
    txtRole.DataBindings.Add(new Binding("Text", BindingSource1, "role", true));
}
```

上述代码中，先清空一下绑定，然后对每个文本框进行数据绑定，使之显示数据源中对应列的数据，例如：

```
txtUserName.DataBindings.Clear();
txtUserName.DataBindings.Add(new Binding("Text", BindingSource1, "userName", true));
```

其中创建 Binding 对象时需要 4 个参数：
- 指定要绑定控件的属性名称，此处是文本框的"Text"属性。
- 指定绑定的数据源对象。
- 指定绑定的字段名称。
- 指定是否格式化输出数据。

(3) 运行程序。

运行结果如图 S7-31 所示。

图 S7-31　运行结果

 拓展练习

练习 7.1

使用 BindingNavigator 控件实现添加新记录功能。

练习 7.2

使用 BindingNavigator 控件实现删除记录功能。

实践 8 文件处理

实践指导

在用户退房登记窗口 CheckOutForm 中,添加一个"导出"按钮,当单击此按钮时,将用户的结账信息保存到文件中。

【分析】

(1) 修改 CheckOutForm 窗口界面,在此窗口中添加一个"导出"按钮(btnPrint)。

(2) 添加"导出"按钮的事件处理过程,将用户的结账相关信息保存到文件中。

【参考解决方案】

(1) 添加"导出"按钮。

修改 CheckOutForm 窗口界面,在此窗口中添加一个"导出"按钮(btnPrint),如图 S8-1 所示。

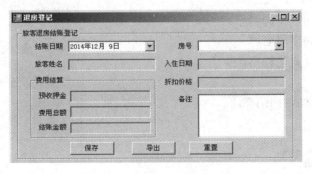

图 8-1 "退房登记"窗口

(2) 添加"导出"按钮事件处理。

"导出"按钮的事件处理过程代码如下:

```
private void btnPrint_Click(object sender, EventArgs e)
{   //文件路径
    string path = "D:\\发票单\\" + DateTime.Now.ToString("yyyyMMddHHmmss") + ".txt";
    try
    {   //定义输出流
        StreamWriter sw = new StreamWriter(path);
        sw.WriteLine("--------蓝天酒店--------");
```

```
        sw.WriteLine("客户： " + txtClientName.Text);
        sw.WriteLine("住宿费：￥" + txtTotal.Text);
        sw.WriteLine("开票日期： " + DateTime.Now.ToString("yyyy-MM-dd"));
        sw.Close();
        MessageBox.Show("成功导出到'D:\\发票单'路径下");
    }catch (Exception){
        MessageBox.Show("请检查'D:\\发票单'路径是否存在！ ");
    }
}
```

上述代码中使用 StreamWriter 向文件写入数据，需要在程序中导入 System.IO 命名空间：using System.IO;

(3) 运行程序。

运行程序，进入"退房登记"窗口，如图 S8-2 所示，单击"导出"按钮，弹出对话框提示数据成功导出。

图 S8-2 导出记录

在"D:\发票单"文件夹下打开文件，内容如图 S8-3 所示。

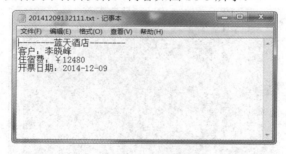

图 S8-3 导出结果

知识拓展

在用 StreamReader 读取文本文件时会碰到乱码的情况。所谓乱码，就是系统不能显示正确的字符，而显示其他无意义的字符或空白。造成乱码的原因有很多，其中主要原因是编码方式的不一致。

在 D 盘 Test 文件夹下新建 3 个文本文件，分别命名为：ansi.txt、unicode.txt、utf8.txt。分别采用与文件名相同的编码格式对文件内容进行编码，文件里面的内容都是："我是中国人"、"abc123"。

创建应用程序 ph08ex，在 Program 类的 Main 方法里写入下面代码：

```
class Program
{
    static void Main(string[] args)
    {
        List<string> lstFile = new List<string>()
        {
            "e:\\test\\ansi.txt",
            "e:\\test\\unicode.txt",
            "e:\\test\\utf8.txt"
        };

        foreach (string item in lstFile)
        {
            using (StreamReader reader = new StreamReader(item))
            {
                Console.WriteLine("读取文件：" + item);
                Console.WriteLine(reader.ReadToEnd());
                Console.WriteLine("----------------------------------");
                Console.Read();
            }
        }
    }
}
```

运行结果如图 S8-4 所示。

图 S8-4　运行结果(1)

由于第一个文件使用 ansi 编码，但是 StreamReader 的默认构造函数使用的是 UTF-8 编码，UTF-8 编码不兼容 ansi 编码，所以出现了乱码。

为解决上面的编码问题，通常情况下是传递 Encoding.Default 作为 StreamReader 的编码格式，一般在中文操作系统中 Encoding.Default 是 GB2312 编码，GB2312 编码兼容 ansi 编码。

修改上面的代码如下：

```csharp
class Program
{
    static void Main(string[] args)
    {
        List<string> lstFile = new List<string>()
        {
            "e:\\test\\ansi.txt",
            "e:\\test\\unicode.txt",
            "e:\\test\\utf8.txt"
        };

        foreach (string item in lstFile)
        {
            using (StreamReader reader = new StreamReader(item, Encoding.Default))
            {   Console.WriteLine("读取文件: " + item);
                Console.WriteLine(reader.ReadToEnd());
                Console.WriteLine("-----------------------------------");

                Console.Read();
            }
        }
    }
}
```

修改之后的运行结果如图 S8-5 所示。

图 S8-5　运行结果(2)

 拓展练习

设置 SteamReader 的编码格式为 UTF-8 并测试。

实践 9　.NET4.0 的新特性

实践指导

实 践 9.1

实现旅客信息的查询和修改功能。

【分析】

(1) 创建 ClientForm 窗口。

(2) 设置数据源。

(3) 编辑 ClientForm.cs 代码。

【参考解决方案】

(1) 创建 RoomForm 窗口。

创建 ClientForm 窗口，将窗体的 Text 属性设置为"旅客信息"，如图 S9-1 所示。

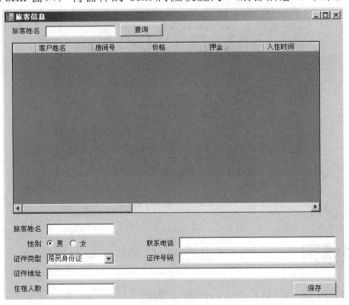

图 S9-1　RoomForm 窗口

RoomForm 窗口中的控件属性(除标签外)设置如表 9-1 所示。

实践9 .NET4.0 的新特性

表 S9-1　RoomForm 窗口中的控件属性设置

Name	类　型	说　明	属　性　设　置
RoomForm	Form	客房信息窗口	将 Text 设置为"客房信息"
txtQueryName	TextBox	查询旅客姓名文本框	
btnQuery	Button	"查询"按钮	将 Text 设置为"查询"
clientGridView	DataGridView		将 AllowUserToAddRows 设置为 False 将 AllowUserToDeleteRows 设置为 False 将 MultiSelect 设置为 False 将 ReadOnly 设置为 True 将 SelectionMode 设置为 FullRowSelect
txtClientName	TextBox	旅客姓名文本框	
rbMale	RadioButton	男性单选按钮	将 Text 设置为"男" 将 Checked 设置为 True
rbFemale	RadioButton	女性单选按钮	将 Text 设置为"女"
txtPhone	TextBox	联系电话文本框	
cmbCertType	ComboBox	证件类型组合框	将 Text 设置为"居民身份证" Items 中的选项有：居民身份证、军官证、警官证、学生证、工作证
txtCertId	TextBox	证件号码文本框	
txtAddress	TextBox	证件地址文本框	
txtPersonNum	TextBox	住宿人数文本框	
btnSave	Button	"保存"按钮	将 Text 设置为"保存"

(2) 设置数据源。

设置 clientGridView 的数据源为 RegisterRoom 表，如图 S9-2 所示。

编辑 clientGridView 中的列，修改列头标题并调整显示顺序，如图 S9-3 所示。

图 S9-2　选择数据源

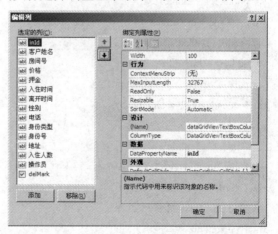

图 S9-3　编辑 clientGridView 中的列

(3) 编辑 ClientForm.cs。

ClientForm 的程序代码如下：

· 315 ·

```csharp
public partial class ClientForm
{
    public ClientForm()
    {
        InitializeComponent();
    }
    public void ClientForm_Load(System.Object sender, System.EventArgs e)
    {
        this.registerRoomTableAdapter3.Fill(this.hotelDataSet1.RegisterRoom);
    }
    public void btnQuery_Click(System.Object sender, System.EventArgs e)
    {
        Query();
    }
    public void btnSave_Click(System.Object sender, System.EventArgs e)
    {   //当前选中行对应于 DataTable 中的 DataRow
        int num = clientGridView.SelectedRows[0].Index;
        var row = this.hotelDataSet1.RegisterRoom.
            Rows[clientGridView.SelectedRows[0].Index];
        var clientName = txtClientName.Text;
        var sex = false;
        if (rbFemale.Checked)
        {
            sex = true;
        }
        var phone = txtPhone.Text;
        var certType = cmbCertType.SelectedItem.ToString();
        var certId = txtCertId.Text;
        var address = txtAddress.Text;
        var personNum = txtPersonNum.Text;
        row["clientName"] = clientName;
        row["sex"] = sex;
        row["phone"] = phone;
        row["certType"] = certType;
        row["certId"] = certId;
        row["address"] = address;
        row["personNum"] = personNum;
        registerRoomTableAdapter3.Update(this.hotelDataSet1.RegisterRoom);
        hotelDataSet1.RegisterRoom.AcceptChanges();
    }
```

```csharp
/// <summary>
/// 选中行事件
/// </summary>
/// <param name="sender"></param>
/// <param name="e"></param>
public void ClientGridView_SelectionChanged(System.Object sender, System.EventArgs e)
{
    var rows = clientGridView.SelectedRows;
    if (rows.Count == 0)
    {
        txtClientName.Text = "";
        rbMale.Checked = false;
        rbFemale.Checked = false;
        txtPhone.Text = "";
        cmbCertType.SelectedItem = "";
        txtCertId.Text = "";
        txtAddress.Text = "";
        txtPersonNum.Text = "";
        btnSave.Enabled = false;
        return;
    }
    btnSave.Enabled = true;
    var row = rows[0];
    txtClientName.Text = System.Convert.ToString(row.Cells[0].Value);
    if (bool.Parse(row.Cells[7].Value.ToString()) == false)
    {
        rbMale.Checked = true;
    }
    else
    {
        rbFemale.Checked = true;
    }
    txtPhone.Text = System.Convert.ToString(row.Cells[8].Value);
    cmbCertType.SelectedItem = row.Cells[9].Value;
    txtCertId.Text = System.Convert.ToString(row.Cells[10].Value);
    txtAddress.Text = System.Convert.ToString(row.Cells[11].Value);
    txtPersonNum.Text = System.Convert.ToString(row.Cells[12].Value);
}
public void ClientGridView_CellFormatting(System.Object sender,
    System.Windows.Forms.DataGridViewCellFormattingEventArgs e)
```

```
            if (e.ColumnIndex == 7)
            {
                if (e.Value.ToString() == "True")
                {
                    e.Value = "女";
                }
                else
                {
                    e.Value = "男";
                }
            }
        }
        /// <summary>
        /// Linq 查询
        /// </summary>
        private void Query()
        {
            var clients = (from item in this.hotelDataSet1.RegisterRoom
                           where item.clientName.Contains(txtQueryName.Text)
                           select item).ToList();

            clientGridView.DataSource = clients;
        }
}
```

上述代码中，使用 Linq 对数据集进行查询，语句如下：

```
var clients = (from item in this.hotelDataSet1.RegisterRoom
               where item.clientName.Contains(txtQueryName.Text)
               select item).ToList();
```

（4）在主窗口中添加事件。

修改 MainForm.cs 程序，增加菜单和工具按钮的事件处理代码：

```
private void miCustomerQuery_Click(object sender, EventArgs e)
{
    ClientForm frm = new ClientForm();
    frm.MdiParent = this;
    frm.Show();
```

（5）运行程序。

运行程序，进入"旅客信息"窗口，如图 S9-4 所示。

如图 S9-5 所示，输入查询条件，单击"查询"按钮，表格中会显示查询结果。选中结果中的一条记录后，窗口下方会出现对应的数据。修改数据后单击"保存"按钮，表格中对应的记录和数据库中的数据都被修改。

实践 9　.NET4.0 的新特性

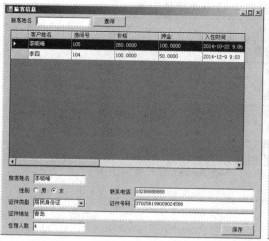

图 S9-4　运行结果(1)

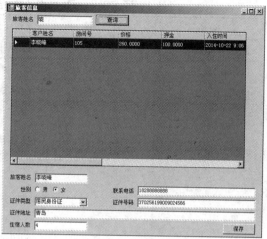

图 S9-5　运行结果(2)

实 践 9.2

实现房间信息的查询功能。

【分析】

(1) 创建 RoomForm 窗口。

(2) 设置数据源。

(3) 编辑 RoomForm.cs 代码

【参考解决方案】

(1) 创建 RoomForm 窗口。

创建 RoomForm 窗口，如图 S9-6 所示。

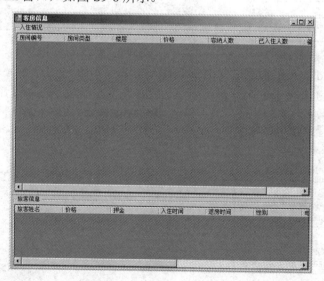

图 S9-6　RoomForm 窗口

RoomForm 窗口中的控件属性设置如表 S9-2 所示。

· 319 ·

表 S9-2　RoomForm 窗口中的控件属性设置

Name	类型	说明	属性设置
RoomForm	Form	客房信息窗口	将 Text 设置为"客房信息"
GroupBox1	GroupBox	组框容器	将 Text 设置为"入住情况"
GroupBox2	GroupBox	组框容器	将 Text 设置为"旅客信息"
roomGridView	DataGridView	显示客房信息的数据表格	将 AllowUserToAddRows 设置为 False 将 AllowUserToDeleteRows 设置为 False 将 MultiSelect 设置为 False 将 ReadOnly 设置为 True 将 SelectionMode 设置为 FullRowSelect
clientGridView	DataGridView	显示旅客信息的数据表格	将 AllowUserToAddRows 设置为 False 将 AllowUserToDeleteRows 设置为 False 将 MultiSelect 设置为 False 将 ReadOnly 设置为 True 将 SelectionMode 设置为 FullRowSelect

(2) 设置数据源。

设置 roomGridView 的数据源为 Room 表，如图 S9-7 所示。

编辑 roomGridView 中的列，修改列头标题并调整显示顺序，如图 S9-8 所示。

图 S9-7　选择数据源

图 S9-8　编辑 roomGridView 中的列

设置 clientGridView 的数据源为 RegisterRoom 表，如图 S9-9 所示。

编辑 clientGridView 中的列，修改列头标题并调整显示顺序，如图 S9-10 所示。

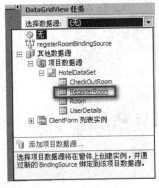

图 S9-9　设置数据源

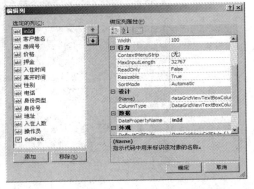

图 S9-10　编辑 clientGridView 中的列

(3) 编辑 RoomForm.cs。

RoomForm 的程序代码如下：

```csharp
public partial class RoomForm
{
    public RoomForm()
    {
        InitializeComponent();
    }
    public void RoomForm_Load(System.Object sender, System.EventArgs e)
    {
        this.RegisterRoomTableAdapter.Fill(this.HotelDataSet.RegisterRoom);
        this.RoomTableAdapter.Fill(this.HotelDataSet.Room);
    }
    public void roomGridView_SelectionChanged(System.Object sender, System.EventArgs e)
    {
        var rooms = roomGridView.SelectedRows;
        if (rooms.Count == 0)
        {   return;
        }
        var roomId = rooms[0].Cells[0].Value;
        //Linq 查询
        var clients = from client in HotelDataSet.RegisterRoom
                      where client.roomId == roomId.ToString()
                      where client.delMark == false
                      select client;
        clientGridView.DataSource = clients.AsDataView();
    }
    public void clientGridView_CellFormatting(System.Object sender,
        System.Windows.Forms.DataGridViewCellFormattingEventArgs e)
    {   if (e.ColumnIndex == 7)
        {   if (e.Value.ToString() == "False")
            {
                e.Value = "男";
            }
            else
            {
                e.Value = "女";
            }
        }
    }
}
```

WinForm 程序设计及实践

(4) 在主窗口中添加事件。

修改 MainForm.cs 程序，增加菜单和工具按钮的事件处理代码：

```
private void miRoomQuery_Click(object sender, EventArgs e)
{
    RoomForm frm = new RoomForm();
    frm.MdiParent = this;
    frm.Show();
}
```

(5) 运行程序。

运行程序，进入"客房信息"窗口，上方表格中显示了所有客房的信息，选中某一个客房，下方表格中显示了此客房的入住情况，如图 S9-11 所示。

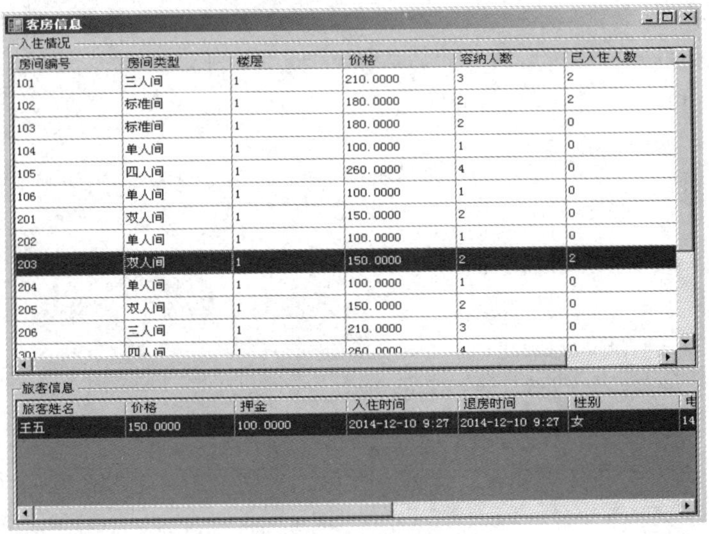

图 S9-11 运行结果

知识拓展

在很多环境中，XML 是广泛采用的格式化数据方式。LINQ to XML 提供了使用 LINQ 查询 XML 中的数据，它提供文档对象模型(DOM)的内存文档编写、查询、修改功能，以及检索元素和属性的集合。LINQ to XML 支持 LINQ 查询表达式，使操作 XML 变得更加简单。通过使用 LINQ to XML，可以编写出表达能力更强、更为紧凑、功能更强的代码，大幅提高了工作效率。

LINQ to XML 的优势是通过将查询结果用作 XElement 和 XAttribute 对象构造函数的参数，实现了一种功能强大的创建 XML 树的方法，这种方法称为"函数构造"。利用这种方法，可以方便地将 XML 树从一种形状转换为另一种形状。

System.Xml.Linq 命名空间中定义了对应 XML 文档方面的很多类型，具体类型如表 S9-3 所示。

实践 9 .NET4.0 的新特性

表 S9-3 System.Xml.Linq 命名空间中常用的类

类 名	描 述
XAttribute	XML 属性
XComment	XML 注释
XDeclaration	XML 声明
XDocument	XML 文档
XElement	XML 元素
XNamespace	XML 命名空间

下面介绍使用 LINQ to XML 查询 XML 文件中的内容，步骤如下：

(1) 创建 XML 文件。

在项目中添加 XML 文件，如图 S9-12 所示，在"添加新项"窗口中选择"XML 文件"模板并输入 XML 文件的名称。

图 S9-12 添加 XML 文件

编写 Cars.xml。代码如下：

```xml
<?xml version="1.0" encoding="utf-8" ?>
<Inventory>
    <Car carID ="0">
        <Make>Ford</Make>
        <Color>Blue</Color>
        <PetName>Chuck</PetName>
    </Car>
    <Car carID ="1">
        <Make>VW</Make>
        <Color>Silver</Color>
        <PetName>Mary</PetName>
    </Car>
    <Car carID ="2">
```

```xml
            <Make>Yugo</Make>
            <Color>Pink</Color>
            <PetName>Gipper</PetName>
        </Car>
        <Car carID ="55">
            <Make>Ford</Make>
            <Color>Yellow</Color>
            <PetName>Max</PetName>
        </Car>
        <Car carID ="98">
            <Make>BMW</Make>
            <Color>Black</Color>
            <PetName>Zippy</PetName>
        </Car>
</Inventory>
```

(2) 创建 LinqToXmlDemo.cs。

编写 LinqToXmlDemo 程序，加载 XML 文件并查询。代码如下：

```csharp
sealed class LinqToXmlDemo
{
    static public void Main()
    {
        Console.WriteLine("***** Fun with LINQ to XML *****");
        //加载 XML 文件
        XElement doc = XElement.Load("..\\..\\Cars.xml");
        //查询所有 PetName 节点
        SearchAllNode(doc, "PetName");
        Console.WriteLine("-------------------------------");
        //查询所有 Make 值为 Ford 的节点
        SearchNodeByValue(doc, "Make", "Ford");
    }
    /// <summary>
    /// 查询所有指定节点的值
    /// </summary>
    /// <param name="doc"></param>
    /// <param name="node"></param>
    static public void SearchAllNode(XElement doc, string node)
    {   //Linq 查询
        var values = from n in doc.Descendants(node)
                     select n.Value;
        //输出
        foreach (var e in values)
```

```
            {   Console.WriteLine(e);
            }
        }
        /// <summary>
        /// 查询指定条件的节点
        /// </summary>
        /// <param name="doc"></param>
        /// <param name="node"></param>
        /// <param name="value"></param>
        static public void SearchNodeByValue(XElement doc, string node, string value)
        {   //Linq 查询
            var nodes = from n in doc.Descendants(node)
                        where n.Value == value
                        select n.Parent;
            foreach (var n in nodes)
            {   Console.WriteLine(n);
            }
        }
}
```

(3) 运行结果。

运行结果如图 S9-13 所示。

图 S9-13　运行结果

拓展练习

练习 9.1

使用 LINQ to XML 查询 Cars.xml 中 carID 是 98 的节点内容。

练习 9.2

使用 LINQ to XML 查询 Cars.xml 中 Color 是 Blue 的节点内容。